Entwurf robuster Regelungen

Von Dr.-Ing. Kai Müller
Akademischer Rat am Institut
für Regelungstechnik der
Technischen Universität Braunschweig

Mit 97 Bildern und 2 Tabellen

Springer Fachmedien Wiesbaden GmbH 1996

Die Deutsche Bibliothek – CIP-Einheitsaufnahme

Müller, Kai:
Entwurf robuster Regelungen : mit 2 Tabellen / von Kai Müller.

ISBN 978-3-519-06173-1 ISBN 978-3-663-12091-9 (eBook)
DOI 10.1007/978-3-663-12091-9

Ursprünglich erschienen bei B.G. Teubner Stuttgart 1996

Vorwort

In Abständen von etwa 20 Jahren konnten in der Regelungstechnik grundsätzliche Neuerungen beobachtet werden. Nachdem in den 40er Jahren eine systematische Behandlung von Regelkreisen im Frequenzbereich entwickelt wurde (Bode, Nyquist, Ziegler und Nichols, Wiener), verlagerte sich um 1960 das Interesse der Theoretiker auf den Zeitbereich, den Zustandsraum und optimale Regelung (Luenberger, Kalman). Die Verfahren basieren auf Prozeßmodellen, und es stellte sich heraus, daß häufig in der praktischen Anwendung Probleme aufgrund von Modell- oder Parameterunsicherheiten auftreten. Dies motivierte die Entwicklung der robusten Regelungen in den 80er Jahren, die explizit bei Anwesenheit von Unsicherheiten Stabilität bzw. die Einhaltung bestimmter Qualitätsmerkmale gewährleisten ([16], [17], [68]) und somit große praktische Relevanz aufweisen.

In diesem Buch sollen Theorie und Einsatz der in den 80er Jahren entwickelten Norm-optimalen Regelungen vermittelt werden. Selbstverständlich handelt es sich hierbei nur um eine Facette der zahlreichen neuen Entwicklungen auf dem Gebiet der Entwurfs- und Analyseverfahren. Insbesondere die H_∞-optimalen Regler und die μ-Synthese haben jedoch in den letzten 10 Jahren entscheidend dazu beigetragen, daß sich das Bild der "modernen" Regelungstechnik merklich gewandelt hat.

Obwohl die Norm-optimalen Regelungen einen neuen Ansatz darstellen, so ist doch die Entwicklung ohne die Ergebnisse früherer Verfahren undenkbar. Aus didaktischen Gründen werden deshalb den robusten Regelungen Verfahren wie Polvorgabe, quadratisch optimale Regelung oder LQG vorangestellt.

In Kapitel 7 schließt sich eine Einführung in Normen für Signale und Systeme an. Die Entwicklung der koprimen Faktorisierung und der Reglerparametrierung (Kapitel 8) ist sowohl ein eigenständiges, universelles Entwurfsverfahren als auch die historische Grundlage für die 2- und ∞-Norm-optimalen Regelungen (Kapitel 9, 10 und 11). Die Theorie wird vollständig am Beispiel von Eingrößenstrecken hergeleitet. Im 12. Kapitel erfolgt die Verallgemeinerung auf Mehrgrößensysteme im Zustandsraum. Ein Mehrgrößenproblem entsteht auch bei Eingrößenstrecken, wenn mehrere Anforderungen zu berücksichtigen sind.

Es wurden konsequent die in der internationalen Literatur üblichen Bezeichnungen verwendet. Dabei wurde bewußt in Kauf genommen, daß Symbole in verschiedenen Kapiteln unterschiedliche Bedeutung tragen können. So hat beispielsweise Q in Kapitel 5 über optimale Regelungen die Bedeutung einer Gewichtsmatrix, während in Kapitel 8 über koprime Faktorisierung Q(s) die Übertragungsfunktion für die Regler-Parametrierung ist.

Die bisherigen Ergebnisse werden im letzten Kapitel verwendet, um ∞-Norm-optimale Regler für unstrukturierte Unsicherheiten zu entwerfen. Mit der Einführung des strukturierten singulären Wertes μ wird gezeigt, wie Parameterunsicherheiten berücksichtigt werden können und sich ein systematischer Reglerentwurf durchführen läßt, der Regelqualität bei Anwesenheit von Unsicherheiten gewährleistet.

Auch wenn für viele Anwendungen der Aufwand für den Entwurf robuster Regelungen zu hoch erscheint, so gibt der Umgang mit diesen Verfahren doch darüber Aufschluß, welche Ergebnisse mit modernen Verfahren erreichbar sind.

Mein Dank gilt Marcus Brand und Kai Michels von der Technischen Universität Braunschweig sowie Dr. John Chiasson von der University of Pittsburgh für fachliche und menschliche Unterstützung.

Braunschweig, Dezember 1995

Kai Müller
(E-Mail: mueller@ifr.ing.tu-bs.de)

Inhalt

1 Regelungstechnische Grundlagen

In einem geschlossenen Wirkungskreis verändert der Regler die Eigenschaften des zu regelnden Prozesses (Regelstrecke) in gewünschter Weise. Oft hat ein Regler bei technischen Anlagen großen Einfluß auf die Funktion, die Produktqualität oder die Betriebssicherheit. Bestimmte Prozesse, wie beispielsweise Kraftwerke oder Magnetschnellbahnen lassen sich ohne Regelung gar nicht betreiben. Dem Regler und damit dem Reglerentwurf kommt somit häufig eine wichtige Bedeutung zu. Die Zusammenhänge zwischen Regler, Regelstrecke und den Eigenschaften des geschlossenen Kreises sollen in diesem Kapitel behandelt werden.

In der Vergangenheit hat sich die Regelungstechnik in überwiegend theoretisch oder praktisch orientierte Arbeitsrichtungen mit einer jeweils eigenen Begriffswelt aufgespalten. Die in der Praxis üblichen Bezeichnungen entsprechen weitgehend den Normen DIN 19226 und DIN 19229. In diesem Buch werden durchgängig die in der internationalen Literatur gebräuchlichen Bezeichnungen verwendet, da mit den DIN-Symbolen eine eindeutige Bezeichnung beispielsweise von Variablen im Zustandsraum nur schwer möglich ist. Außerdem wird dem Leser das Studium ergänzender Literatur erleichtert. Da in der industriellen Praxis oder in Grundlagenvorlesungen häufig die DIN-Symbolik verwendet wird, sollen von dieser Darstellung aus die in diesem Buch durchgängig verwendeten Bezeichnungen erklärt werden. Es handelt sich dabei um eine Konvention und nicht um eine Norm. Man findet deshalb in Publikationen auch ähnliche Bezeichnungen.

1.1 Die Begriffe der Regelungstechnik nach DIN 19226 und DIN 19229

Die Bezeichnungen von Übertragungsfunktionen und Signalen [4][56] können dem Blockschaltbild 1.1 entnommen werden.

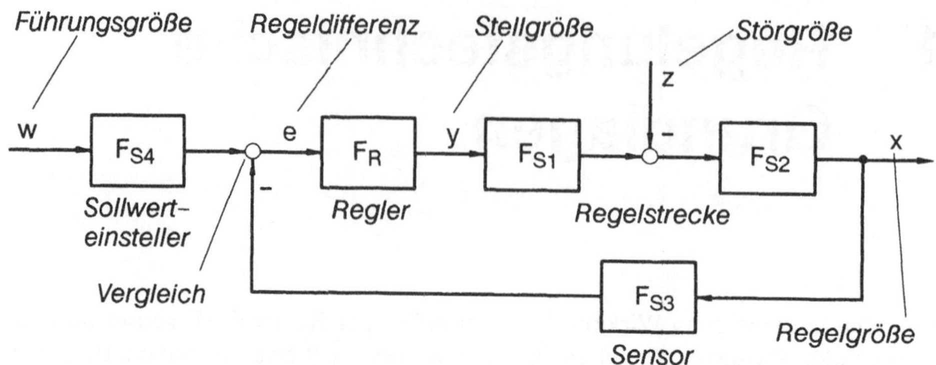

Bild 1.1: Übertragungsfunktionen und Signale nach DIN 19229

Die sogenannte Kreisübertragungsfunktion F_0 (des offenen Kreises) ist das Produkt aller Übertragungsfunktionen, die sich in dem geschlossenen Kreis befinden:

$$F_0 = F_R(p)F_{S1}(p)F_{S2}(p)F_{S3}(p) \ .$$

Mit dieser Definition lauten die Übertragungsfunktionen des geschlossenen Kreises:

1. Bezüglich der Führungsgröße w:

$$F_w(p) = \frac{x(p)}{w(p)} = F_{s4}(p)\frac{F_R(p)F_{S1}(p)F_{s2}(p)}{1 + F_0(p)} \ .$$

2. Bezüglich der Störgröße z:

$$F_z(p) = \frac{x(p)}{z(p)} = \frac{-F_{S2}(p)}{1 + F_0(p)} \ .$$

Häufig faßt man F_{S1}, F_{S2} und F_{S3} zur Regelstrecke F_S zusammen.

1.1.1 Reglertypen nach DIN

Die DIN-Norm kennt die in Tabelle 1.1 angegebenen Reglertypen. Diese Regler werden in der Industrie häufig für Temperatur-, Druck- oder Drehzahlregelungen eingesetzt. Unter der Bezeichnung Industrie- oder Kompaktregler sind universelle Regelgeräte mit P-, PI-, PD- bzw. PID-Verhalten in analoger und digitaler Form im Handel.

Der Einsatz von Standardreglern ist aus Kostengründen erstrebenswert. Wir werden uns im Rahmen dieses Buches mit optimalen und robusten Reglern beschäftigen und feststellen, daß PI-, PD- oder PID-Regler für bestimmte Strecken die optimale Struktur darstellen. Die genannten Regler eignen sich also jeweils nur für eine bestimmte Klasse von Strecken. Die in diesem Buch vorgestellten Regler unterliegen nicht dieser Einschränkung. Allerdings können die entsprechenden Regelalgorithmen nicht mehr mit heutigen Standard-Regelgeräten realisiert werden.

Die Reglertypen und Parameter haben nach DIN folgende Bedeutung:

P-Regler (proportional wirkender Regler):
Jedem Wert der Regeldifferenz ist ein bestimmter Wert der Stellgröße zugeordnet. Im linearen Bereich wird die Zuordnung durch den Verstärkungsfaktor V_R (Proportionalbeiwert K_{PR}) gekennzeichnet.

I-Regler (integral wirkender Regler):
Jedem Wert der Regeldifferenz ist eine Änderungsgeschwindigkeit der Stellgröße zugeordnet. Im linearen Bereich ist die Stellgröße das Zeitintegral der Regeldifferenz. Wird die Regeldifferenz konstant gehalten, so ändert sich die Stellgröße in der Integrierzeit T_I um den Wert der Regeldifferenz (Integrierbeiwert $K_{IR} = 1/T_I$).

PI-Regler (proportional-integral wirkender Regler):
Der Wert der Stellgröße wird proportional der Regeldifferenz eingestellt und zu diesem ein weiterer Wert addiert, der dem Zeitintegral der Regeldifferenz entspricht.
Die Nachstellzeit T_n ist diejenige Zeit, die bei der Sprungantwort benötigt wird, um aufgrund der I-Wirkung eine gleichgroße Stellgrößenänderung zu erzielen, wie sie infolge des P-Anteils entsteht. (P-Vorhalt).

PD-, PID-Regler (mit einem D-Anteil erweiterter P- bzw. PI-Regler):
Die durch den D-Anteil zusätzlich bewirkte Beeinflussung der Stellgröße ist verhältnisgleich der Änderungsgeschwindigkeit der Regeldifferenz.
Die Vorhaltzeit T_v ist diejenige Zeit, um die die Anstiegsantwort einer PD-Regeleinrichtung einen bestimmten Wert der Stellgröße früher erreicht als eine entsprechende "Nur-P-Regeleinrichtung".

Regel-verhalten	Sprungantwort	Übertragungsfunktion
P	V_R	$F_R = V_R$
P mit Glättung	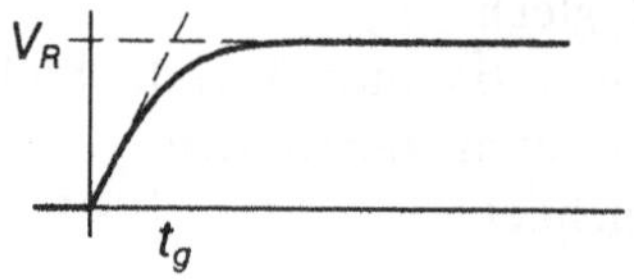 V_R, t_g	$F_R = \dfrac{V_R}{t_g p + 1}$
I	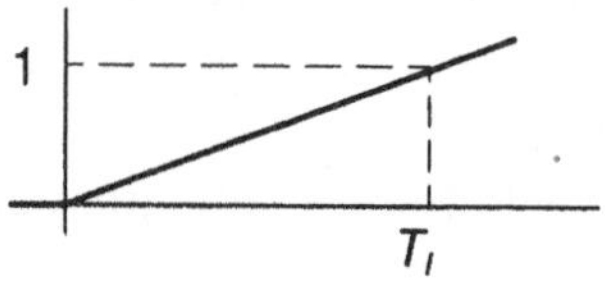 1, T_I	$F_R = \dfrac{1}{T_I p}$
PI	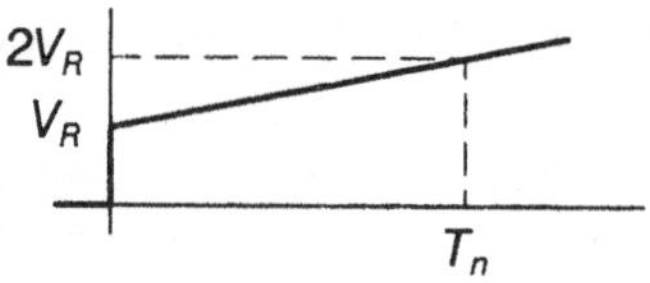 $2V_R$, V_R, T_n	$F_R = V_R \dfrac{T_n p + 1}{T_n p}$
PD	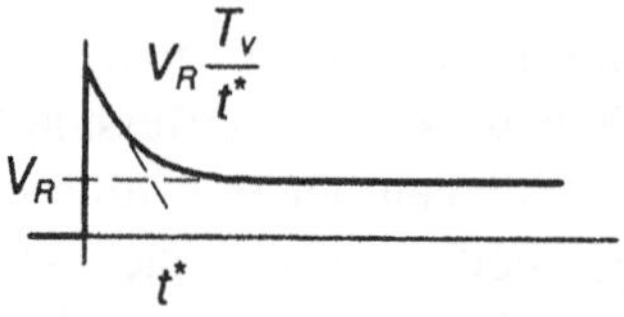 $V_R \dfrac{T_v}{t^*}$, V_R, t^*	$F_R = V_R \dfrac{T_v p + 1}{t^* p + 1}$
PID	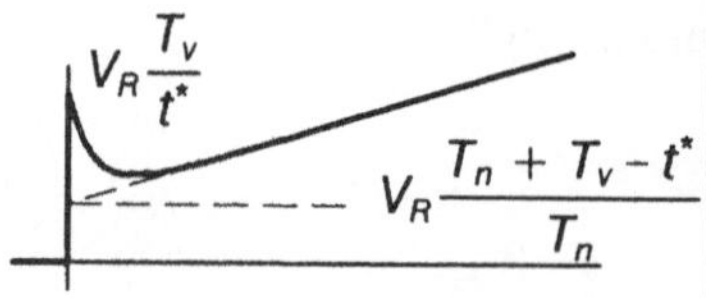 $V_R \dfrac{T_v}{t^*}$, $V_R \dfrac{T_n + T_v - t^*}{T_n}$	$F_R = V_R \dfrac{(T_n p + 1)(T_v p + 1)}{T_n p (t^* p + 1)}$

Tabelle 1.1: Reglertypen nach DIN

Bezeichnung	DIN 19226	Regelungstheorie
Frequenzvariable	p	s
Regler	$F_R(p)$	$K(s)$
Regelstrecke	$F_S(p)$	$G(s)$
Sollwert	$w(t), w(p)$	$w(t), w(s)$
Regeldifferenz	$e(t), e(p)$	$e(t), e(s)$
Regelgröße	$x(t), x(p)$	$y(t), y(s)$
Stellgröße	$y(t), y(s)$	$u(t), u(s)$
Zustandsgröße	–	$x(t), x(s)$
System- Eingangs- Ausgangs- Durchgangsmatrix	– – – –	A B C D
Zustandsrealisierung der Übertragungsfunktion G(s)	–	$G(A, B, C, D)$
Einheitsmatrix	–	I
Empfindlichkeitsfunktion	–	$S(s)$
Übertragungsfunktion des geschlossenen Kreises	$F_g(p)$	$T(s) = I - S(s)$

Tabelle 1.2: Regelungstechnische Bezeichnungen

1.2 In der Regelungstheorie gebräuchliche Bezeichnungen

Die Tabelle 1.2 zeigt eine Gegenüberstellung der DIN-Symbole und der in der regelungstechnischen Literatur üblichen Bezeichnungen.

Die Bedeutung einzelner Übertragungsfunktionen geht i.a. aus dem verwendeten Symbol hervor und wird nicht mehr durch Indizes unterschieden (z.B. $K(s)$ anstelle von $F_R(p)$). Die Argumente s oder t von Funktionen können entfallen, wenn sich die Zugehörigkeit aus dem Zusammenhang ergibt (z.B. $GK = G(s)K(s)$). Signale werden durch Kleinbuchstaben gekennzeichnet; große Buchstaben bezeichnen Übertragungsfunktionen. Da es sich bei den Symbolen um Konvention und nicht um eine verbindliche Norm handelt, können auch Abweichungen von den vorstehend beschriebenen Bezeichnungen in der Literatur auftreten.

1.3 Ein- und Mehrgrößensysteme

Strecken mit mehr als einem Eingang oder mehr als einem Ausgang bezeichnet man als Mehrgrößensysteme. Viele technische Prozesse lassen sich nur als Mehrgrößensystem modellieren. Ein typisches Beispiel ist die Längsbewegung eines Flugzeugs, bei der Längsneigungswinkel und Vorschubgeschwindigkeit über Triebwerkschub und Höhenruderwinkel beeinflußt werden. In diesem Beispiel wirkt jede der Stellgrößen auf alle Ausgangsgrößen der Strecke. Die Regelung einer Mehrgrößenstrecke bezeichnet man entsprechend als Mehrgrößenregelung.

Prinzipiell besteht keine Notwendigkeit, zwischen Ein- und Mehrgrößensystemen zu unterscheiden. Man muß lediglich beachten, daß Ein- und Ausgangsgrößen nun vektorieller Natur sind und Übertragungsfunktionen durch Übertragungsmatrizen zu ersetzen sind. Der Eingrößenfall (skalare Signale und Übertragungsfunktionen) folgt als Sonderfall dieser Betrachtung.

Eingrößensysteme bezeichnet man auch als SISO-Systeme (Single-Input-Single-Output); Mehrgrößensysteme nennt man entsprechend MIMO-Systeme (Multiple-Input-Multiple-Output).

Für ein Mehrgrößensystem müssen die Anzahl der Eingangsgrößen m und die Anzahl der Ausgangsgrößen l spezifiziert werden. Der Begriff *Übertragungsfunktion* wird im Verlauf dieses Buches auch für *Übertragungsmatrizen* verwendet. In diesem Fall spricht man auch von einer Übertragungsmatrix, bei der jedes Element aus einer SISO-Übertragungsfunktion besteht. Die Matrix hat die Dimension $l \times m$. Für jede Frequenz ω nehmen die Elemente der Übertragungsmatrix F komplexe Werte an. Man schreibt

$$F(j\omega) \in \mathbf{C}^{l \times m} .$$

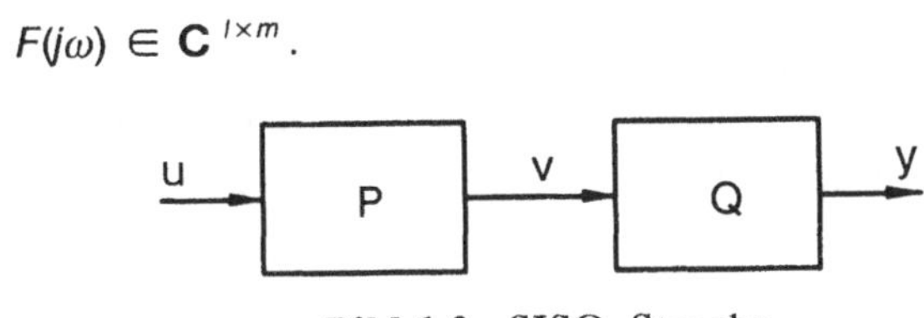

Bild 1.2: SISO-Strecke

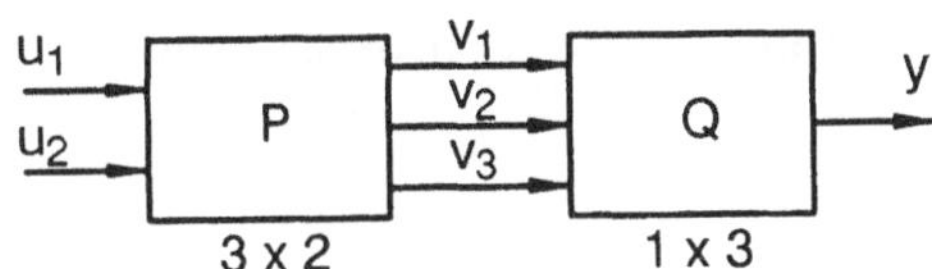

Bild 1.3: MISO-Strecke

Bild 1.3 zeigt ein Mehrgrößensystem mit den Übertragungsmatrizen P und Q. Es gelten die Matrizengleichungen

$$\begin{bmatrix} v_1 \\ v_2 \\ v_3 \end{bmatrix} = \begin{bmatrix} P_{11} & P_{12} \\ P_{21} & P_{22} \\ P_{31} & P_{32} \end{bmatrix} \begin{bmatrix} u_1 \\ u_2 \end{bmatrix} \qquad (1.1)$$

sowie

$$y = \begin{bmatrix} Q_{11} & Q_{12} & Q_{13} \end{bmatrix} \begin{bmatrix} v_1 \\ v_2 \\ v_3 \end{bmatrix} . \qquad (1.2)$$

Aus (1.1) und (1.2) folgt

$$y = \begin{bmatrix} Q_{11} & Q_{12} & Q_{13} \end{bmatrix} \begin{bmatrix} P_{11} & P_{12} \\ P_{21} & P_{22} \\ P_{31} & P_{32} \end{bmatrix} \begin{bmatrix} u_1 \\ u_2 \end{bmatrix}$$

bzw.

$$y = Q \cdot P \cdot u .$$

Die Hintereinanderschaltung von Übertragungsmatrizen entspricht einer Matrizenmultiplikation. Hierbei darf die Reihenfolge der Multiplikationen nicht vertauscht werden. Im folgenden wird zwischen skalaren und matrixwertigen Übertragungsfunktionen begrifflich nicht mehr unterschieden. Unter die Bezeichnung Übertragungsfunktion fallen somit auch Übertragungsmatrizen.

In der amerikanischen Literatur werden Blockschaltbilder häufig von "rechts nach links" gezeichnet. Diese Darstellung hat den Vorteil, daß die zugehörige Übertragungsfunktion direkt aus dem Blockschaltbild abgelesen werden kann (s. Bild 1.4).

Bild 1.4: Alternative Schreibweise

1.4 Grundlegende Beziehungen des geschlossenen Kreises

Aus Bild 1.5 sollen die elementaren Beziehungen des geschlossenen Kreises hergeleitet werden. Die Übertragungsfunktionen K und G sind von den Dimensionen her kompatibel, d.h. die Anzahl der Ausgänge von K ist identisch mit der Anzahl der Eingänge von G, und die Zahl der Ausgänge von G ist mit der der Eingänge von K identisch.

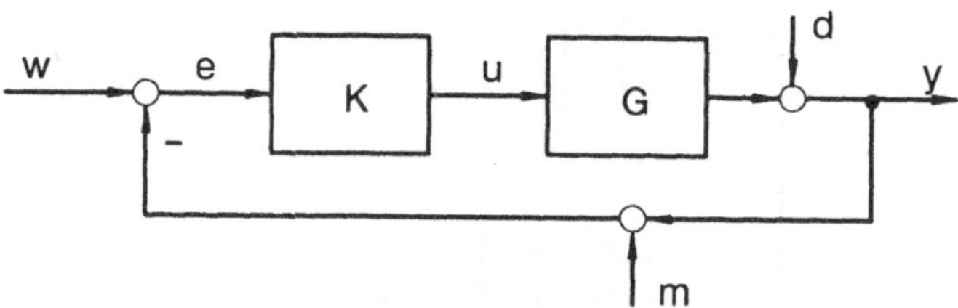

Bild 1.5: Regelkreis mit Sollwert w, Störgröße d und Meßwertstörung m

Für die Regelgröße y liest man aus Bild 1.5 ab

$$y(s) = d(s) + G(s)K(s)\left[w(s) - m(s) - y(s)\right]$$

oder auch kürzer

$$y = d + GK\,[w - m - y]\ .$$

Sortiert man nach der Regelgröße y, so erhält man

$$[I + GK]\,y = d + GK\,[w - m]\ . \tag{1.3}$$

Der in (1.3) auftretende Term $I+GK$ wird als (Ausgangs-)Rückführungs-Differenz F_o bezeichnet.

Rückführungs-Differenz (Ausgang, Output)

$$F_o = I + GK$$

Eine der wichtigsten Übertragungsfunktionen des geschlossenen Kreises ist die

Empfindlichkeits-Funktion.

$$S = F_o^{-1} = [I + GK]^{-1} \tag{1.4}$$

Die Empfindlichkeitsfunktion S ist ein wesentliches Maß für die Qualität einer Regelung. Mit S aus (1.4) kann die Gleichung für die Regelgröße y in (1.3) folgendermaßen geschrieben werden:

$$y = Sd + SGK[w - m] \tag{1.5}$$

Der Term SGK ist die Übertragungsfunktion vom Sollwert w bis zur Regelgröße y und wird als

komplementäre Empfindlichkeits-Funktion
(Übertragungsfunktion des geschlossenen Kreises)

$$T = SGK \tag{1.6}$$

bezeichnet. Der Zusammenhang zwischen T und S lautet einfach

$$\begin{aligned} T = SGK &= (I + GK)^{-1}GK \\ &= (I + GK)^{-1}(GK + I - I) = (I + GK)^{-1}[(I + GK) - I] \\ &= I - S \quad \text{bzw.} \quad T + S = I\ . \end{aligned} \tag{1.7}$$

Mit (1.6) und (1.7) lautet der Ausdruck (1.5)

$$y = Sd + T[w - m] = Sd + (I - S)[w - m] \; .$$

Störgröße Meßwertstörung

Der Regelfehler w-y (nicht identisch mit e) folgt zu

$$\begin{aligned} w - y &= w - Sd - T[w - m] \\ &= - Sd + (I - T)w + Tm \\ &= S[w - d] + Tm \; . \end{aligned} \qquad (1.8)$$

Die Entwurfsaufgabe läßt sich nun folgendermaßen formulieren:

1. Gesucht wird ein Regler K, der zu einem stabilen geschlossenen Kreis führt, d.h. S und T müssen stabile Übertragungsfunktionen sein.
2. Da w bzw. d i.a. von Null verschiedene Funktionen sind, sollte der Betrag von S über den gesamten Frequenzbereich möglichst kleine Beträge annehmen.
3. Da m i.a. eine von Null verschiedene Funktion ist, sollte der Betrag von T über den gesamten Frequenzbereich möglichst kleine Beträge annehmen.

Die Forderungen 2. und 3. lassen sich aufgrund von (1.7) nicht gleichzeitig erfüllen und offenbaren die Grenzen erreichbarer Regelgüte und die Notwendigkeit für einen Kompromiß zwischen S und T.

Die Beziehung für die Stellgröße u lautet

$$u = K[w - m - d - Gu] \; ,$$

$$[I + KG]u = K[w - m - d] \; . \qquad (1.9)$$

Der in (1.9) auftretende Term $I + KG$ wird als

Rückführungs-Differenz (Eingang, Input) $F_i = I + KG$	(1.10)

bezeichnet. Löst man (1.9) mit (1.10) nach u auf, so folgt

$$u = F_i^{-1}K[w - m - d] \; . \qquad (1.11)$$

Bei Eingrößensystemen sind F_i und F_o gleich:

$$F_i = F_o = F \;.$$

Damit lautet das Produkt aus (1.11)

$$F^{-1}K = \frac{K}{1+KG} = \frac{KG}{1+KG}\frac{1}{G} = \frac{T}{G} \;.$$

Der Betrag dieser Funktion für $s = j\omega$ ist

$$\left| F^{-1}K(j\omega)\right| = \frac{|T(j\omega)|}{|G(j\omega)|} \;.$$

Da es erstrebenswert ist, Verstell- und Ausgleichsvorgänge mit möglichst kleiner Stellgröße auszuführen, folgt als Entwurfsrichtlinie:

> Bei den Frequenzen, für die $|G(j\omega)|$ große Werte annimmt, darf auch $T(j\omega)$ große Werte annehmen. Die Frequenzbereiche, in denen $|G(j\omega)|$ klein ist, können bei großem $|T(j\omega)|$ zu großen Stellgrößen führen.

1.5 Berücksichtigung von Modellunsicherheiten

Wenn bisher von der Regelstrecke G gesprochen wurde, so ist eigentlich ein Modell des zu regelnden Prozesses gemeint. Ein mathematisches Modell G ist eine abstrakte Beschreibung des dynamischen Verhaltens einer Regelstrecke. Es ist unrealistisch anzunehmen, daß ein Prozeßmodell eine reale Strecke exakt beschreibt. Häufig sind die Parameter nicht genau bekannt, oder die Struktur des Modells (z.B. Ordnung) einer Regelstrecke ist vereinfacht.

Der Zusammenhang zwischen Prozeßmodell und realer Strecke kann als

$$G = G_0 + \Delta_A \tag{1.12}$$

realer Prozeß — Modell — Modellunsicherheit (additiv)

geschrieben werden. Δ_A ist die sogenannte additive Modellunsicherheit. Häufig ist es günstiger, die Modellunsicherheit in der multiplikativen Form anzugeben, da die Modellunsicherheit oft groß ist, wenn auch der Betrag $|G_0(j\omega)|$ große Werte annimmt.

$$G = G_0(I + \Delta_M) \tag{1.13}$$

realer Prozeß — Modell — Modellunsicherheit (multiplikativ)

Der Zusammenhang zwischen Δ_A und Δ_M ist damit $\Delta_A = G_0\,\Delta_M$.

Dabei ist zu beachten, daß Δ_A, Δ_M und damit G nicht exakt bekannte Übertragungsfunktionen sind, für die lediglich obere oder untere Schranken angegeben werden können. Die in Kap. 7 behandelten Normen sind hierfür geeignete Beschreibungsformen.

Durch die Einbeziehung dieser Übertragungsfunktionen in die Gleichungen für den geschlossenen Regelkreis können wir Bedingungen herleiten, die Stabilität auch bei Anwesenheit von Modellunsicherheiten gewährleisten. Diese Bedingungen geben darüber Aufschluß, wie sich die Modellunsicherheit auf Stabilität und Eigenschaften der Regelung auswirkt.

> Regelungen, die eine quantitative Aussage über die tolerierbare Modellunsicherheit gestatten, werden als robuste Regelungen bezeichnet.

Durch iteratives Umzeichnen des Blockschaltbildes 1.6 wird eine hinreichende Bedingung für robuste Stabilität hergeleitet.

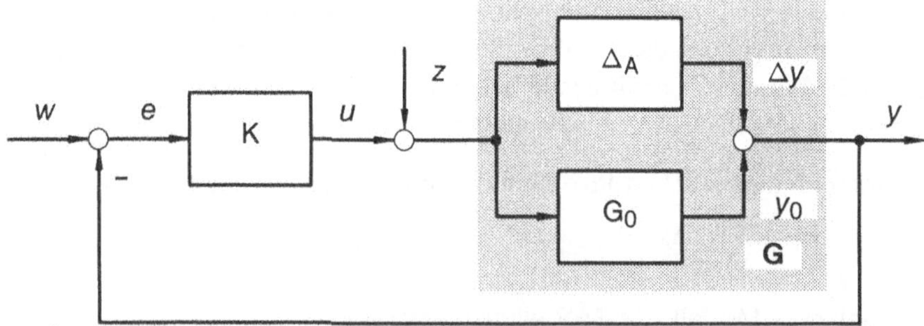

Bild 1.6: Regelkreis mit Modellunsicherheit I

Wir wollen davon ausgehen, daß der geschlossene Kreis mit dem Prozeßmodell G_0 stabil ist. Im ersten Schritt wird der rechte Summationspunkt aufgespalten und nach links verlegt (Bild 1.7).

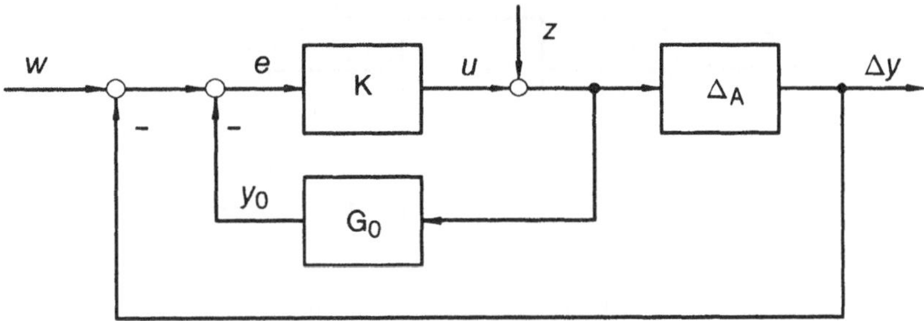

Bild 1.7: Regelkreis mit Modellunsicherheit II

Die Regelgröße y taucht explizit nicht mehr auf; sie ist die Summe aus y_0 (aus dem Streckenmodell) und Δy (aus der Modellunsicherheit). Die Elemente K und G_0 des "inneren" geschlossenen Kreises sind bekannt, somit können die Übertragungsfunktionen $S = (I + G_0K)^{-1}$ sowie $(I + KG_0)^{-1}$ gebildet werden.

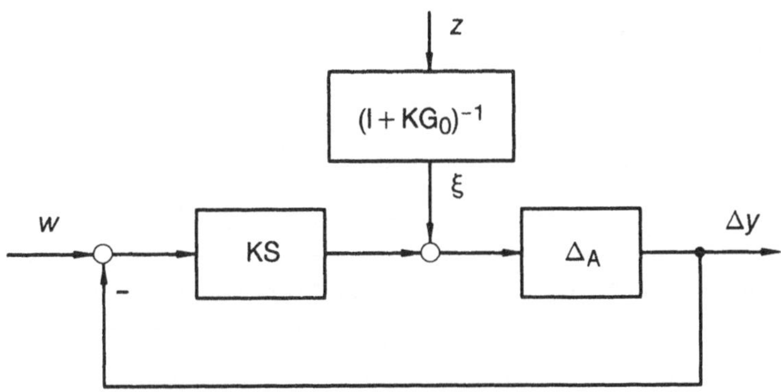

Bild 1.8: Regelkreis mit Modellunsicherheit III

Da die Übertragungsfunktionen S und $(I + KG_0)^{-1}$ nach Voraussetzung stabil sind, kann Instabilität nur durch Δ_A verursacht werden. Folglich genügt es, die Wechselwirkung von Δ_A mit den übrigen Übertragungsfunktionen zu untersuchen. Sofern z ein beschränktes Signal ist, ist auch ξ beschränkt, da es sich bei $(I + KG_0)^{-1}$ ja um eine stabile Übertragungsfunktion handelt. Da nur die Frage nach Stabilität des Reglers mit dem realen Prozeß behandelt wird, kann ebenso die Größe ξ anstelle von z verwendet werden. Man erhält das folgende Blockschaltbild 1.9, das für die Herleitung der robusten Stabilität verwendet werden kann.

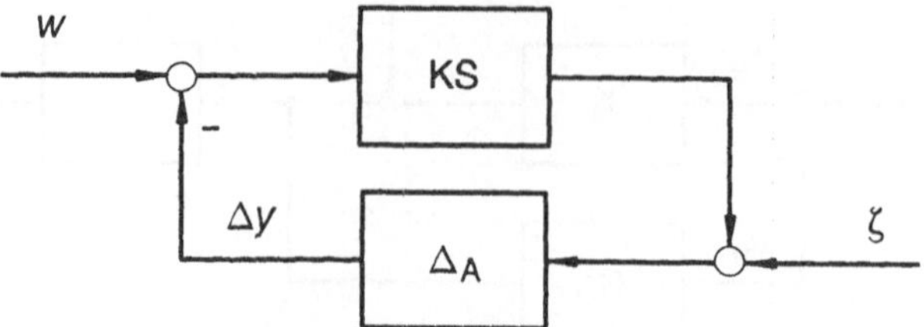

Bild 1.9: Robuste Stabilität

Der Mehrgrößenfall wird in Kap. 12 behandelt. Für den Sonderfall einer Eingrößenstrecke kann die Bedingung für robuste Stabilität mit Hilfe des Nyquist-Kriteriums angegeben werden. Das Nyquist-Kriterium besagt, daß für Stabilität im geschlossenen Kreis die Ortskurve des offenen Kreises den Punkt -1 k-mal umlaufen muß (k ist die Anzahl der Pole in der rechten Halbebene). Im Interesse einer allgemeingültigen und handhabbaren Darstellung wollen wir im folgenden davon ausgehen, daß die additive Modellunsicherheit Δ_A eine stabile Übertragungsfunktion ist (für G_0 gilt diese Einschränkung natürlich nicht). Somit folgt aus dem Nyquist-Kriterium:

> Die Ortskurve $\Delta_A KS$ darf den Punkt -1 nicht umlaufen.

In der multiplikativen Form geschrieben lautet die vorige Aussage:

> Die Ortskurve $\Delta_M G_0 KS = \Delta_M T$ darf den Punkt -1 nicht umlaufen.

Diese Aussagen können aber nicht überprüft werden, da Δ_A bzw. Δ_M ja keine im Detail bekannten Übertragungsfunktionen sind. Eine handhabbare hinreichende Bedingung, die sich auch elegant auf Mehrgrößensysteme erweitern läßt, folgt unmittelbar aus den vorigen Aussagen.

> Wenn der Betrag $|\Delta_A KS|$ bzw. $|\Delta_M T|$ stets kleiner als Eins ist, so kann keine Instabilität durch Δ_A bzw. Δ_M auftreten.
>
> (Small Gain Theorem für Eingrößensysteme)

Da in diesem Fall der Betrag der Ortskurve kleiner als Eins ist, kann der Punkt -1 auch nicht umfahren werden. Man bezeichnet diese Aussage als "Small Gain Theorem" (Sandberg [52], Zames [68]).

Mit dem Small Gain Theorem kann nun eine Obergrenze angegeben werden, für die Δ_A bzw. Δ_M nicht zur Instabilität führen können.

$$|\Delta_A(j\omega)| < \frac{1}{|KS(j\omega)|} , \tag{1.14}$$

$$|\Delta_M(j\omega)| < \frac{1}{|T(j\omega)|} \tag{1.15}$$

Die Übertragungsfunktionen KS bzw. T bestehen nur aus dem Regler K und dem bekannten Streckenmodell G_0.

Wird bereits während des Entwurfs eine Obergrenze für Modellunsicherheiten berücksichtigt, so spricht man von einem Entwurf eines robusten Reglers.

Da bei Δ_A bzw. Δ_M nichts über die Ursache der Modellunsicherheit gesagt wird, spricht man auch von unstrukturierter Modellunsicherheit. Wenn gezielt einzelne Parameter unsicher sind, so bezeichnet man dies als strukturierte Unsicherheit. Im Verlauf dieses Buches werden wir uns sowohl mit dem Problem der unstrukturierten als auch der strukturierten Modellunsicherheiten (Parameterunsicherheiten) befassen.

1.6 Motivierende Einführung: Die Youla-Parametrierung für stabile Strecken

Die Youla-Parametrierung, auch Q-Parametrierung genannt, ist ein Beispiel für einen modernen Reglerentwurf. Das Verfahren geht auf Youla, Jabr und Bongiorno [66] (1976) zurück und lieferte wesentliche Impulse für weitere Methoden. Im Gegensatz zu klassischen Verfahren werden nicht die Parameter eines Reglers vorgegebener Struktur bestimmt, sondern die Übertragungsfunktion des Reglers einschließlich seiner Parameter. Der Regler in Bild 1.10 soll mit einer Youla-Parametrierung bestimmt werden.

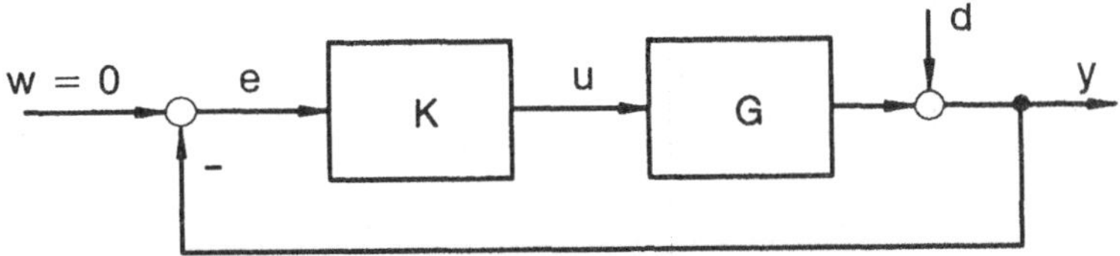

Bild 1.10: Blockschaltbild zur Entwurfsaufgabe

Die Übertragungsfunktion der Ausgangsstörung d zur Regelgröße y ist

$$y = d - GKy \ ,$$

$$[I + GK]y = d \ ,$$

$$y = [I + GK]^{-1}d = Sd \ . \tag{1.16}$$

Der Zusammenhang zwischen den Übertragungsfunktionen S und K ist aufgrund der Matrixinversion in (1.16) sehr verwickelt. Anstelle von $K(s)$ soll nun der Parameter

$$Q = K[I + GK]^{-1} = KS \tag{1.17}$$

bestimmt werden. Mit der Beziehung $GKS = T = I - S$ folgt

$$GQ = I - S \quad \text{bzw.} \quad \boxed{S = I - GQ \ .} \tag{1.18}$$

S ist nun eine lineare Funktion von Q geworden. Die Aufgabe, die Funktion Q(s) für bestimmte Eigenschaften der Funktion $S(s)$ zu entwerfen, ist wesentlich einfacher als direkt einen Regler K(s) nach (1.16) zu bestimmen. Faßt man (1.17) und (1.18) zusammen, so ergibt sich

$$Q = K[I - GQ] \ .$$

Auflösung der obigen Gleichung nach K liefert die *Youla-Parametrierung* für stabile Strecken

$$\boxed{K = Q[I - GQ]^{-1} \ .} \tag{1.19}$$

Das entsprechende Blockschaltbild zeigt die Abbildung 1.11.

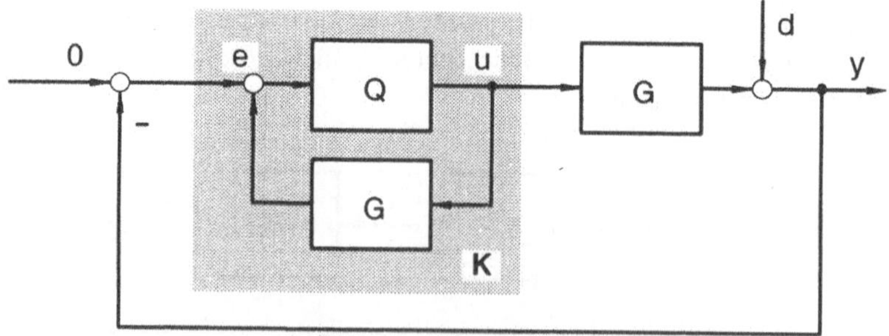

Bild 1.11: Youla-Parametrierung für stabile Strecken

Die Übertragungsfunktion S ist nach (1.18) nur von G und Q abhängig. Somit ist diese Funktion des geschlossenen Kreises dann und nur dann stabil, wenn sowohl Q als auch G stabil sind. Daraus folgt auch umgekehrt:

> Ist $Q(s)$ eine stabile Übertragungsfunktion, so beschreibt die Youla-Parametrierung die Menge aller $G(s)$ stabilisierenden Regler $K(s)$.

Der allgemeine Fall ist Gegenstand von Kapitel 8.3.

1.6.1 Beispiel für den Eingrößenfall

Für die Strecke

$$G(s) = \frac{1}{T_1 s + 1}$$

folgt aus (1.19) der Regler

$$K = \frac{Q}{1 - GQ} = \frac{Q}{1 - \dfrac{Q}{T_1 s + 1}} = Q \frac{T_1 s + 1}{T_1 s + 1 - Q} \; .$$

Die Stabilität der Übertragungsfunktion

$$S = \frac{1}{1 + GK} = \frac{1}{1 + \dfrac{Q}{T_1 s + 1 - Q}} = \frac{T_1 s + 1 - Q}{T_1 s + 1}$$

ist tatsächlich von Q unabhängig. Eine einfache Lösung ist ein reelles Q. Wählt man $Q = 1$ (nur eine Möglichkeit), so folgt für S, T und K

$$S = \frac{T_1 s}{T_1 s + 1} \; , \qquad T = G = \frac{1}{T_1 s + 1} \; , \qquad K = \frac{T_1 s + 1}{T_1 s} \; .$$

Wir erhalten einen *PI*-Regler mit der Verstärkung $V_R = 1$ und der Integrierzeitkonstanten $T_i = T_1$. Die Youla-Parametrierung liefert automatisch einen für eine gegebene Strecke geeigneten Regler. Für einfache Strecken ergeben sich die aus der klassischen Regelungstechnik bekannten *PI*- und *PID*-Strukturen. Für Mehrgrößensysteme und komplexe Strecken entstehen völlig neue, leistungsfähige Reglerstrukturen.

1.7 Übungsbeispiel: Youla-Parametrierung

Für die Regelstrecke

$$G(s) = \frac{V_S}{(T_1 s + 1)(T_2 s + 1)}$$

sollen durch eine Youla-Parametrierung (Parameter $Q(s)$) geeignete Regler entworfen werden.

a) Berechnen Sie $K(s)$ mit $Q(s)$ als Parameter.

b) Berechnen Sie $S(s)$ und $T(s)$.

c) Bestimmen Sie ein reelles Q und ein dynamisches $Q(s)$, mit denen sich gewünschte Eigenschaften in S oder T realisieren lassen.

d) Berechnen Sie die Regler mit der Festlegung aus c)

e) Welcher Reglertyp entsteht für $Q = 1/V_S$?

f) Wie lauten $S(s)$, und $T(s)$ mit der Festlegung in c)?

1.7.1 Lösung

a) Gl. (1.19):

$$K = \frac{Q}{1 - GQ} = \frac{Q}{1 - \dfrac{V_S\, Q}{(T_1 s + 1)(T_2 s + 1)}}$$

$$= Q \frac{(T_1 s + 1)(T_2 s + 1)}{(T_1 s + 1)(T_2 s + 1) - V_S\, Q}$$

b)

$$S = \frac{1}{1 + GK} = \frac{1}{1 + \dfrac{V_S}{(T_1 s + 1)(T_2 s + 1)} Q \dfrac{(T_1 s + 1)(T_2 s + 1)}{(T_1 s + 1)(T_2 s + 1) - V_S\, Q}}$$

$$= \frac{1}{1 + \dfrac{V_S\, Q}{(T_1 s + 1)(T_2 s + 1) - V_S\, Q}} = \frac{(T_1 s + 1)(T_2 s + 1) - V_S\, Q}{(T_1 s + 1)(T_2 s + 1)}$$

$$T = SGK = I - S$$

$$T = 1 - \frac{(T_1 s + 1)(T_2 s + 1) - V_S\, Q}{(T_1 s + 1)(T_2 s + 1)} = \frac{V_S\, Q}{(T_1 s + 1)(T_2 s + 1)}$$

c) Aus der Gleichung für S in Aufgabenpunkt b) erkennt man, daß $S(s=0) = 0$ wird für $Q_{stat} = 1 / V_S$ (statisches Q). Aufgrund der Beziehung $T = I - S$ gilt $T(s=0) = 1$.

Für ein gutes Führungsverhalten ist es erstrebenswert, die Übertragungsfunktion T in einem großen Frequenzbereich dem Wert 1 anzunähern. Es ist naheliegend, den Parameter Q so zu wählen, daß in der obigen Beziehung für T diese Übertragungsfunktion in einem großen Frequenzbereich den Wert 1 annimmt (S wird dann 0):

$$Q_{dyn} = \frac{1}{V_S} \frac{(T_1 s + 1)(T_2 s + 1)}{(T_a s + 1)(T_b s + 1)} \quad \text{(dynamisches } Q\text{)}$$

Die Zeitkonstanten T_a und T_b sollten kleiner als T_1 und T_2 sein. Man erhält für

$$T = \frac{1}{(T_a s + 1)(T_b s + 1)} .$$

d) Für $Q_{stat} = 1 / V_S$ erhält man gemäß a)

$$K = \frac{1}{V_S} \frac{(T_1 s + 1)(T_2 s + 1)}{(T_1 s + 1)(T_2 s + 1) - 1} = \frac{1}{V_S} \frac{T_1 s + 1}{(T_1 + T_2)s} \frac{T_2 s + 1}{\frac{T_1 T_2}{T_1 + T_2} s + 1} .$$

$$= \frac{T_1}{V_S (T_1 + T_2)} \frac{T_1 s + 1}{T_1 s} \frac{T_2 s + 1}{\frac{T_1 T_2}{T_1 + T_2} s + 1} .$$

Setzt man Q_{dyn} in K ein, so folgt

$$K = \frac{1}{V_S} \frac{(T_1 s + 1)(T_2 s + 1)}{(T_a s + 1)(T_b s + 1)} \frac{(T_1 s + 1)(T_2 s + 1)}{(T_1 s + 1)(T_2 s + 1) - \frac{(T_1 s + 1)(T_2 s + 1)}{(T_a s + 1)(T_b s + 1)}} ,$$

$$= \frac{1}{V_S} \frac{(T_1 s + 1)(T_2 s + 1)}{T_a T_b s^2 + (T_a + T_b) s} = \frac{1}{V_S} \frac{T_1 s + 1}{(T_a + T_b) s} \frac{T_2 s + 1}{\frac{T_a T_b}{T_a + T_b} s + 1} ,$$

$$= \frac{T_1}{V_S (T_a + T_b)} \frac{T_1 s + 1}{T_1 s} \frac{T_2 s + 1}{\frac{T_a T_b}{T_a + T_b} s + 1} .$$

e) In beiden Fällen entstehen PID-Regler. Man kann zeigen, daß sich PT_2-Strecken mit einem PID-Regler optimal regeln lassen. Für Strecken höherer Ordnung können PID-Regler ungeeignet sein.

f) Man erhält durch Einsetzen von Q_{stat} in die Beziehungen nach Aufgabenpunkt b)

$$S = 1 - \frac{1}{(T_1 s + 1)(T_2 s + 1)} ,$$

$$T = \frac{1}{(T_1 s + 1)(T_2 s + 1)} ,$$

$$KS = \frac{1}{V_S} = Q .$$

Mit Q_{dyn} folgt

$$S = 1 - \frac{1}{(T_a s + 1)(T_b s + 1)} ,$$

$$T = \frac{1}{(T_a s + 1)(T_b s + 1)} ,$$

2 Übertragungsfunktion und Zustandsdarstellung

Übertragungsfunktion und Zustandsdarstellung sind unterschiedliche Darstellungsformen zur Beschreibung des Übertragungsverhaltens linearer Strecken. Die Darstellungen lassen sich beliebig ineinander überführen. Übertragungsfunktionen ermöglichen eine kompakte Beschreibung der Übertragungseigenschaften mit einer minimalen Anzahl von Parametern (Koeffizienten von Polynomen). Die Zustandsdarstellung enthält zusätzlich Informationen über die Struktur der Strecke und gestattet somit Aussagen über wichtige Eigenschaften wie beispielsweise Steuerbarkeit oder Beobachtbarkeit (s. Kap. 3.3). Aufgrund wesentlich günstigerer numerischer Eigenschaften der Zustandsdarstellung gegenüber einer Streckenbeschreibung mit Übertragungsfunktionen beruht nahezu die gesamte regelungstechnische Software (Matlab, MatrixX, Program CC, Control–C, uva.) auf Zustandsformen.

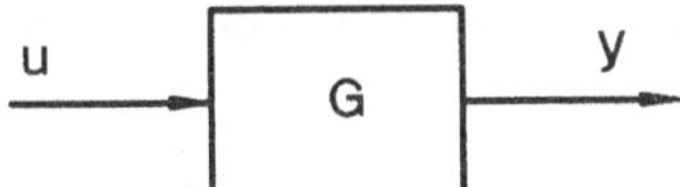

Bild 2.1: Lineare Strecke G mit Eingang u und Ausgangsgröße y

Wir werden uns bei der Betrachtung von Übertragungsfunktionen auf den Eingrößenfall beschränken, da sich ein Mehrgrößensystem aus einzelnen SISO-Übertragungsfunktionen zusammensetzt. Aufgrund der Matrizenstruktur der Zustandsdarstellung erübrigt sich eine Unterscheidung zwischen SISO- und MIMO-Systemen.

Mit den Bezeichnungen gemäß Bild 2.1 gilt für die Strecke G eine gewöhnliche DGL mit konstanten Koeffizienten.

$$\overset{(n)}{y} + \ldots + a_2\ddot{y}(t) + a_1\dot{y}(t) + a_0 y(t) = b_{n-1}\overset{(n-1)}{u} + \ldots + b_1\dot{u}(t) + b_0 u(t) \tag{2.1}$$

Wendet man auf (2.1) die Laplace–Transformation unter Verwendung des Differentiations–Satzes an, so ergibt sich für eine Strecke 2. Ordnung

$$(s^2 + a_1 s + a_0)y(s) - (s + a_1)y(0) - a_2 \dot{y}(0) = (b_1 s + b_0)u(s) - b_1 u(0) \;.$$

Mit $y(0) = 0$, $\dot{y}(0) = 0$, $u(0) = 0$ folgt aus obiger Gleichung die Übertragungsfunktion

$$G(s) = \frac{y(s)}{u(s)} = \frac{b_1 s + b_0}{a_2 s^2 + a_1 s + a_0} \;.$$

Der Nenner einer Übertragungsfunktion ist die charakteristische Gleichung. Die Wurzeln dieses Polynoms sind Pole der Übertragungsfunktion. Ihre Lage in der komplexen Ebene bestimmt die Stabilität des Systems.

2.1 Zustandsgrößen

Die Zustandsdarstellung beruht auf einer Beschreibung eines Systems n. Ordnung mit n Differentialgleichungen 1. Ordnung. Die Ausgangsgrößen der n Systeme 1. Ordnung heißen Zustandsgrößen oder Zustandsvariablen und werden mit x bezeichnet. Die Variable x ist ein Vektor mit den n Elementen $x_1, x_2, ..., x_n$.

2.1.1 Regelungs-Normalform

Wir wollen zunächst eine Zustandsdarstellung für eine Übertragungsfunktion der Form

$$G(s) = \frac{y(s)}{u(s)} = \frac{b_{n-1}s^{n-1} + \ldots + b_1 s + b_0}{s^n + \ldots + a_2 s^2 + a_1 s + a_0}$$

realisieren. Hierzu ist es hilfreich, $G(s)$ unter Verwendung der Übertragungsfunktion

$$G_1(s) = \frac{1}{s^n + \ldots + a_2 s^2 + a_1 s + a_0} \tag{2.2}$$

zu schreiben. Die Ausgangsgröße $y(s)$ ergibt sich dann mit Hilfe von (2.2) zu

$$y = b_{n-1}s^{n-1}G_1 u + \ldots + b_1 s G_1 u + b_0 G_1 u \;. \tag{2.3}$$

Wir führen nun neue Variablen x_i ein:

$$x_1(s) = G_1(s)u(s)$$
$$x_2(s) = sG_1(s)u(s)$$
$$x_3(s) = s^2G_1(s)u(s)$$
$$\vdots$$
$$x_n(s) = s^{n-1}G_1(s)u(s) \tag{2.4}$$

Aus den Definitionen (2.4) folgt für den Zusammenhang der x_i im Bildbereich

$$sx_1(s) = x_2(s) \ ,$$
$$sx_2(s) = x_3(s) \ ,$$
$$\vdots$$
$$sx_{n-1}(s) = x_n(s) \tag{2.5}$$

und entsprechend im Zeitbereich durch Rücktransformation

$$\dot{x}_1 = x_2 \ ,$$
$$\dot{x}_2 = x_3 \ ,$$
$$\vdots$$
$$\dot{x}_{n-1} = x_n \ . \tag{2.6}$$

Die noch fehlende Differentialgleichung für x_n läßt sich aus der Beziehung

$$x_1 = G_1u = \frac{1}{s^n + \ldots + a_1s + a_0}u \tag{2.7}$$

gewinnen. Man erhält

$$s^nx_1 + \ldots + a_1sx_1 + a_0x_1 = u$$

bzw. mit (2.5)

$$sx_n + a_{n-1}x_n + \ldots + a_1x_2 + a_0x_1 = u \ .$$

Die Rücktransformation in den Zeitbereich führt auf

$$\dot{x}_n + a_{n-1}x_n + \ldots + a_1x_2 + a_0x_1 = u \ ,$$

$$\dot{x}_n = u - a_{n-1}x_n - \ldots - a_1x_2 - a_0x_1 \ . \tag{2.8}$$

Setzt man die Variablen x_i in (2.3) ein, so erhält man den Zusammenhang zwischen den Zustandsvariablen x_i und der Ausgangsgröße y.

$$y = b_{n-1}x_n + \ldots + b_1x_2 + b_0x_1 \tag{2.9}$$

Die Gleichung gilt aufgrund der Linearität der Laplace-Transformation sowohl im Zeit- als auch im Bildbereich.

Mit den Gleichungen (2.6), (2.8) und (2.9) läßt sich das folgende Blockschaltbild 2.2 konstruieren. Der Zählerkoeffizient b_3 ist bei Regelstrecken gewöhnlich Null.

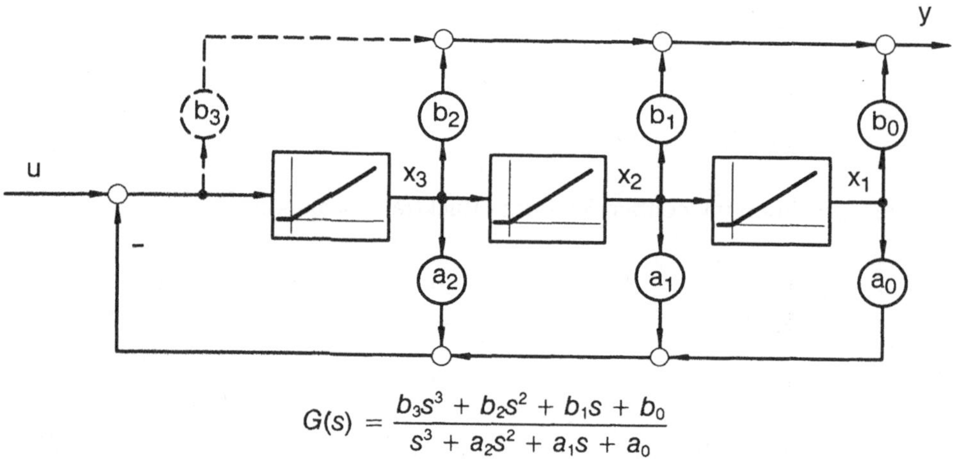

$$G(s) = \frac{b_3s^3 + b_2s^2 + b_1s + b_0}{s^3 + a_2s^2 + a_1s + a_0}$$

Bild 2.2: Regelungsnormalform einer Strecke 3. Ordnung

Da diese spezielle Zustandsform zur Synthese von sogenannten Zustandsreglern verwendet werden kann, wird sie als Regelungsnormalform [1] bezeichnet.

Der Vektor

$$x = \begin{bmatrix} x_1 \\ x_2 \\ \vdots \\ x_n \end{bmatrix}$$

heißt Zustandsgröße, da er den "inneren" Zustand eines Systems beschreibt.

2.1.2 Zustandsgleichung und Ausgangsgleichung

Mit der Definition des Zustandsvektors lassen sich zwei Matrix-Vektor-Gleichungen aufstellen, die ein beliebiges lineares Übertragungselement beschreiben.

1. Zustandsgleichung

$$\boxed{\dot{x} = Ax + Bu} \tag{2.10}$$

2. Ausgangsgleichung

$$\boxed{y = Cx + Du} \tag{2.11}$$

Die Zustands- und Ausgangsgleichung für die Regelungsnormalform aus Abschnitt 2.1.1 können unmittelbar aus dem Blockschaltbild 2.2 abgelesen werden ($b_3 = 0$).

$$\begin{bmatrix} \dot{x}_1 \\ \dot{x}_2 \\ \dot{x}_3 \end{bmatrix} = \underset{\textbf{A}}{\begin{bmatrix} 0 & 1 & 0 \\ 0 & 0 & 1 \\ -a_0 & -a_1 & -a_2 \end{bmatrix}} \begin{bmatrix} x_1 \\ x_2 \\ x_3 \end{bmatrix} + \underset{\textbf{B}}{\begin{bmatrix} 0 \\ 0 \\ 1 \end{bmatrix}} u$$

$$y = \underset{\textbf{C}}{\begin{bmatrix} b_0 & b_1 & b_2 \end{bmatrix}} \begin{bmatrix} x_1 \\ x_2 \\ x_3 \end{bmatrix} + \underset{\textbf{D}}{\begin{bmatrix} 0 \end{bmatrix}} u$$

Eine Besonderheit der Regelungsnormalform besteht darin, daß in den Matrizengleichungen außer Nullen und Einsen nur die Koeffizienten der Übertragungsfunktion auftauchen. Insbesondere treten die Nennerkoeffizienten a_i nur in Matrix A auf und die Zählerkoeffizienten b_i nur in der Matrix C. Die Matrix A in dieser besonderen Struktur wird auch als "Frobenius-Matrix des Nennerpolynoms" bezeichnet. (In diesem Fall lautet das Polynom $s^3 + a_2 s^2 + a_1 s + a_0$.)

Die Anzahl der Parameter in der Zustandsdarstellung (in den Matrizen A, B, C und D) ist im SISO-Fall größer als die der $2n+1$ Koeffizienten der entsprechenden Übertragungsfunktion. Dies trifft jedoch nicht mehr auf Mehrgrößenstrecken zu. Im allgemeinen Fall gilt für die einzelnen Matrizen:

$A \in \mathbf{R}^{n \times n}$ (System-Matrix)

$B \in \mathbf{R}^{n \times m}$ (Eingangs-Matrix)

$C \in \mathbf{R}^{l \times n}$ (Ausgangs-Matrix)

$D \in \mathbf{R}^{l \times m}$ (Durchgangs-Matrix)

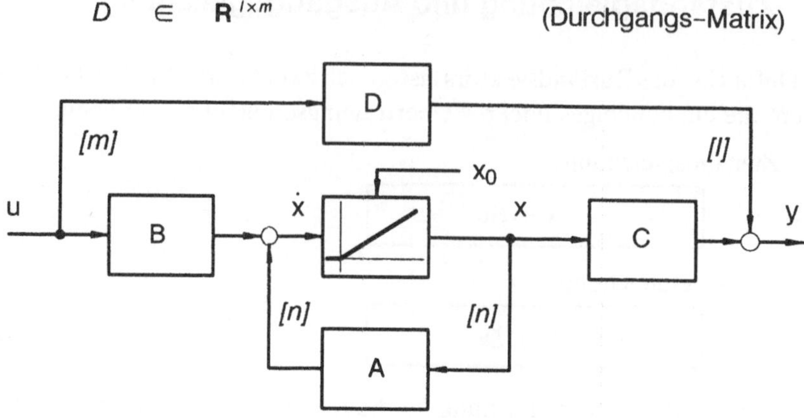

Bild 2.3: Zustandsform

Die allgemeine Zustandsdarstellung entspricht dem Blockschaltbild 2.3 (Signale sind vektorielle Größen).

2.1.3 Physikalisches Beispiel: Schwingkreis

Beschreibt man eine Strecke durch Zustandsgleichungen, so lassen sich den Zustandsgrößen physikalische Bedeutungen zuordnen. Im folgenden Beispiel soll ein Zustandsmodell für das Übertragungsverhalten von Spannung u nach Strom i aufgestellt werden.

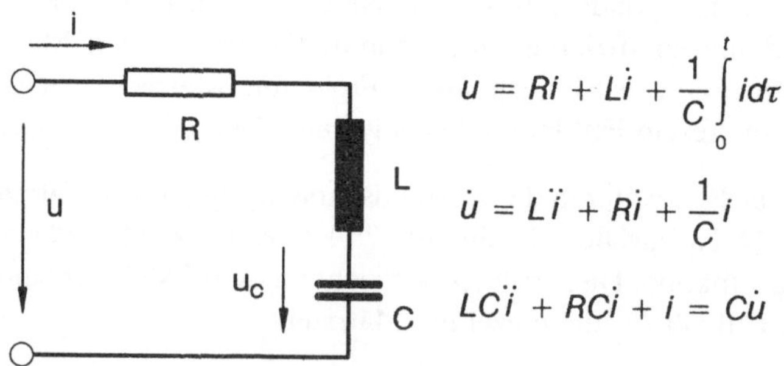

Bild 2.4: Schwingkreis mit Anregung u

In der Differentialgleichung 2. Ordnung (in Bild 2.4 unten rechts) enthält der inhomogene Teil die erste Ableitung der Spannung u. Wählen wir als

Zustandsgrößen die Kondensatorspannung u_c und den Strom i, so erhalten wir die Zustandsgleichung

$$\begin{bmatrix} \dot{u}_c \\ \dot{i} \end{bmatrix} = \underbrace{\begin{bmatrix} 0 & \frac{1}{C} \\ -\frac{1}{L} & -\frac{R}{L} \end{bmatrix}}_{\boldsymbol{A}} \begin{bmatrix} u_c \\ i \end{bmatrix} + \underbrace{\begin{bmatrix} 0 \\ \frac{1}{L} \end{bmatrix}}_{\boldsymbol{B}} u \ .$$

Da der Strom i gleichzeitig auch die Ausgangsgröße y ist, besteht die Ausgangsmatrix C nur aus Nullen und einer Eins.

$$i = \underbrace{[0 \ 1]}_{\boldsymbol{C}} \begin{bmatrix} u_c \\ i \end{bmatrix} + \underbrace{[0]}_{\boldsymbol{D}} u$$

2.2 Laplace-Transformation der Zustandsgleichungen

Man erhält den Zusammenhang zwischen der Zustandsgleichung und der Übertragungsfunktion durch Laplace-Transformation der Gleichungen (2.10) und (2.11). Durch Anwendung des Differentiationssatzes der Laplace-Transformation folgt

$$L\{\dot{x}\} = sx(s) - x(0) = \begin{bmatrix} sx_1(s) - x_1(0) \\ sx_2(s) - x_2(0) \\ \vdots \\ sx_n(s) - x_n(0) \end{bmatrix} .$$

Setzen wir das Ergebnis in (2.10) ein, erhalten wir den Zusammenhang zwischen Eingangs-, Zustands- und Ausgangsgrößen im Frequenzbereich:

$$sx(s) - x(0) = Ax(s) + Bu(s) \ ,$$

$$y(s) = Cx(s) + Du(s) \ . \tag{2.12}$$

Auflösung der oberen Gleichung nach $x(s)$ liefert

$$(sI - A)x(s) = Bu(s) + x(0) \ ,$$

$$x(s) = (sI - A)^{-1}Bu(s) + (sI - A)^{-1}x(0) \ .$$

Setzt man $x(s)$ in (2.12) ein, so erhält man die Übertragungsfunktion $G(s)$, d.h. den Zusammenhang zwischen $y(s)$ und $u(s)$ unter der Annahme $x(0) = 0$.

$$y(s) = \underbrace{\left[C(sI - A)^{-1}B + D\right]}_{G(s)}u(s) + C(sI - A)^{-1}x(0)$$

Die Übertragungsfunktion $G(s)$ berechnet sich damit aus den Matrizen A, B, C und D nach folgender Gleichung:

$$\boxed{G(s) = C(sI - A)^{-1}B + D} \tag{2.13}$$

Die Berechnung der Übertragungsfunktion aus der Zustandsdarstellung erfordert im wesentlichen die Inversion der Matrix $(sI - A)$. Diese Berechnung kann effizient mit dem Leverrier-Algorithmus erfolgen (s. Kap. 3.2).

Die Struktur der Lösung von $(sI - A)^{-1}$ folgt aus der Leibnitz-Cramerschen Regel [7].

$$(sI - A)^{-1} = \frac{P(s)}{|sI - A|}$$

$P(s)$ ist dabei eine Polynommatrix, d.h. sie besteht *nicht* aus gebrochen rationalen Funktionen. Die Determinante $|sI - A|$ ist das gemeinsame Nennerpolynom aller Übertragungsfunktionen in (2.13).

Die Determinante $|sI-A|$ ist das charakteristische Polynom des Systems und bestimmt somit die Stabilität.

Die Systemmatrix A beschreibt ja den Zusammenhang zwischen den Zustandsgrößen, d.h. dem augenblicklichen "Zustand" der Strecke und den Zustandsänderungen. Aufgrund der Definition für Stabilität, daß ein lineares System von jedem Anfangszustand $x(t = 0)$ ohne äußere Anregung $(u = 0)$ in den Zustand $x(t \to \infty) = 0$ übergehen muß, wird anschaulich deutlich, daß ausschließlich die Matrix A für die Stabilität eines Systems verantwortlich ist.

Offensichtlich besitzt die Übertragungsfunktion $G(s)$ eine Singularität an jeder Stelle s_0, an der die Determinante von $sI - A$ verschwindet. Diese Stellen s_0 sind die Pole der Übertragungsfunktion $G(s)$. Das Auffinden der Pole einer Strecke ist damit identisch mit der Aufgabe, alle Eigenwerte λ_i der Matrix A zu bestimmen, d.h. alle λ_i, für die $|\lambda_i I - A| = 0$ erfüllt ist.

> Die Eigenwerte λ_i von A sind die Pole der Übertragungsfunktion $G(s)$.

Die Berechnung von Eigenwerten einer reellen Matrix ist ein Standardproblem der linearen Algebra, für das zahlreiche, numerisch stabile Lösungen bestehen [29], [44], [57].

2.2.1 Berechnung einer Übertragungsfunktion aus der Zustandsdarstellung

Für das Beispiel aus Abschnitt 2.1.3 soll die Übertragungsfunktion von der Eingangsspannung $u(s)$ bis zum Strom $i(s)$ berechnet werden. Die Matrizen der Zustandsdarstellung des Schwingkreises lauten:

$$A = \begin{bmatrix} 0 & \frac{1}{C} \\ -\frac{1}{L} & -\frac{R}{L} \end{bmatrix} \qquad B = \begin{bmatrix} 0 \\ \frac{1}{L} \end{bmatrix} \qquad (2.14)$$

$$C = [0 \quad 1] \qquad D = [0]$$

Aus der Matrix A folgt die charakteristische Gleichung:

$$|sI - A| = \begin{vmatrix} s & -\frac{1}{C} \\ \frac{1}{L} & s + \frac{R}{L} \end{vmatrix} = s^2 + \frac{R}{L}s + \frac{1}{LC} \; . \qquad (2.15)$$

Die Nullstellen des Polynoms (2.15) sind die Pole

$$s_{0_{1/2}} = -\frac{R}{2L} \pm \sqrt{\left(\frac{R}{2L}\right)^2 - \frac{1}{LC}}$$

der Strecke. Die Übertragungsfunktion lautet nach (2.13)

$$(sI-A)^{-1} = \frac{\begin{bmatrix} s+\frac{R}{L} & \frac{1}{C} \\ -\frac{1}{L} & s \end{bmatrix}}{s^2+\frac{R}{L}s+\frac{1}{LC}} ,$$

$$G(s) = C(sI-A)^{-1}B = \frac{\frac{s}{L}}{s^2+\frac{R}{L}s+\frac{1}{LC}} = \frac{1}{R}\frac{RCs}{LCs^2+RCs+1} .$$

Erzeugt man mit den Koeffizienten der Übertragungsfunktion die Matrizen A, B, C und D in Regelungs-Normalform, so erhält man eine von der physikalisch orientierten Zustandsdarstellung (2.14) abweichende Form mit identischem Ein-/ Ausgangsverhalten (d.h. identischer Übertragungsfunktion).

2.3 Basistransformation im Zustandsraum

Wie in Abschnitt 2.2.1 beschrieben, existieren mehrere Zustandsdarstellungen mit identischem Übertragungsverhalten. Formal folgt diese Tatsache aus einer Basistransformation der Zustandsgröße x mit einer nicht singulären, quadratischen $n \times n$-Matrix T. Wir definieren mit Hilfe von T eine neue Zustandsgröße x^*.

$$x^* = T^{-1}x , \quad x = Tx^* , \quad \det(T) = |T| \neq 0$$

Der Zusammenhang gilt natürlich auch für die Ableitungen

$$\dot{x}^* = T^{-1}\dot{x} .$$

Wir können nun die Gleichungen

$$\dot{x} = Ax + Bu ,$$

$$y = Cx + Du$$

auch in x^* schreiben

$$\dot{x}^* = T^{-1}ATx^* + T^{-1}Bu ,$$

$$y = CTx^* + Du .$$

Mit den Definitionen

$$A^* = T^{-1}AT\ , \qquad B^* = T^{-1}B\ ,$$

$$C^* = CT\ , \qquad D^* = D\ .$$

erhalten wir nun das neue Gleichungssystem

$$\dot{x}^* = A^*x^* + B^*u\ ,$$

$$y = C^*x^* + D^*u$$

mit identischen Ein- und Ausgangsgrößen. Es existieren also unendlich viele Zustandsdarstellungen mit gleichem Übertragungsverhalten.

> Alle Zustandsdarstellungen lassen sich durch eine reguläre Transformationsmatrix T ineinander überführen.

2.4 Beobachter-Normalform

Eine weitere Zustandsdarstellung, bei der die Koeffizienten der Übertragungsfunktion Elemente der Matrizen A, B, C und D sind, ist die Beobachter-Normalform. Diese Form eignet sich zum Entwurf sogenannter Beobachter (s. Kap. 4.1).

Wir betrachten wieder die Übertragungsfunktion

$$G(s) = \frac{y(s)}{u(s)} = \frac{b_{n-1}s^{n-1} + \dots + b_1 s + b_0}{s^n + \dots + a_2 s^2 + a_1 s + a_0} \tag{2.16}$$

und multiplizieren beide Seiten von (2.16) mit $u(s) \cdot \left(s^n + \dots + a_2 s^2 + a_1 s + a_0\right)$, so folgt

$$s^n y + a_{n-1}s^{n-1}y + \dots + a_1 sy + a_0 y = b_{n-1}s^{n-1}u + \dots + b_1 su + b_0 u\ .$$

Division durch s^n führt auf

$$y + \frac{a_{n-1}}{s}y + \dots + \frac{a_1}{s^{n-1}}y + \frac{a_0}{s^n}y = \frac{b_{n-1}}{s}u + \dots + \frac{b_1}{s^{n-1}}u + \frac{b_0}{s^n}u\ .$$

Nach Zusammenfassen gleicher Potenzen von s und Ausklammern folgt

$$y = \frac{1}{s}\left\{b_{n-1}u - a_{n-1}y + \frac{1}{s}\left[\ \dots + \frac{1}{s}\left(b_1u - a_1y + \frac{1}{s}(b_0u - a_0y)\right)\right]\right\} . \tag{2.17}$$

Man kann nun die in (2.17) auftretenden Terme als Zustandsgrößen definieren:

$$\begin{aligned} x_1 &= \frac{1}{s}(b_0u - a_0y) \\ x_2 &= \frac{1}{s}(b_1u - a_1y + x_1) \\ x_3 &= \frac{1}{s}(b_2u - a_2y + x_2) \\ &\ \ \vdots \\ x_n &= \frac{1}{s}(b_{n-1}u - a_{n-1}y + x_{n-1}) \end{aligned} \tag{2.18}$$

Die letzte Zustandsgröße x_n ist mit der Ausgangsgröße y (2.17) identisch. Schreibt man die Gleichungen (2.18) im Zeitbereich, so erkennt man, daß die Zustandsgrößen nur von der Eingangsgröße u sowie von anderen Zustandsgrößen abhängen, ohne daß Ableitungen auf der rechten Seite auftreten. Die Zustandsgleichungen bilden ein System von Differentialgleichungen 1. Ordnung.

$$\begin{aligned} \dot{x}_1 &= b_0u - a_0y \\ \dot{x}_2 &= b_1u - a_1y + x_1 \\ \dot{x}_3 &= b_2u - a_2y + x_2 \\ &\ \ \vdots \\ \dot{x}_n &= b_{n-1}u - a_{n-1}y + x_{n-1} \end{aligned} \tag{2.19}$$

Die Zustandsdarstellung in Vektorform hat damit folgende Struktur (mit $n = 3$):

$$\begin{bmatrix} \dot{x}_1 \\ \dot{x}_2 \\ \dot{x}_3 \end{bmatrix} = \underbrace{\begin{bmatrix} 0 & 0 & -a_0 \\ 1 & 0 & -a_1 \\ 0 & 1 & -a_2 \end{bmatrix}}_{\boldsymbol{A}} \begin{bmatrix} x_1 \\ x_2 \\ x_3 \end{bmatrix} + \underbrace{\begin{bmatrix} b_0 \\ b_1 \\ b_2 \end{bmatrix}}_{\boldsymbol{B}} u$$

$$y = \underbrace{[0 \;\; 0 \;\; 1]}_{\boldsymbol{C}} \begin{bmatrix} x_1 \\ x_2 \\ x_3 \end{bmatrix} + \underbrace{[0]}_{\boldsymbol{D}} u$$

Die Koeffizienten des Nenners der Übertragungsfunktion sind Bestandteil der Matrix A; die Zählerkoeffizienten erscheinen ausschließlich in der Eingangsmatrix B. Da die Zustandsgröße x_n identisch mit Ausgangsgröße y ist, ist die Matrix C trivial. Aufgrund vieler gegensätzlicher Eigenschaften von Beobachter- und Regelungs-Normalform bezeichnet man diese Darstellungen als zueinander dual.

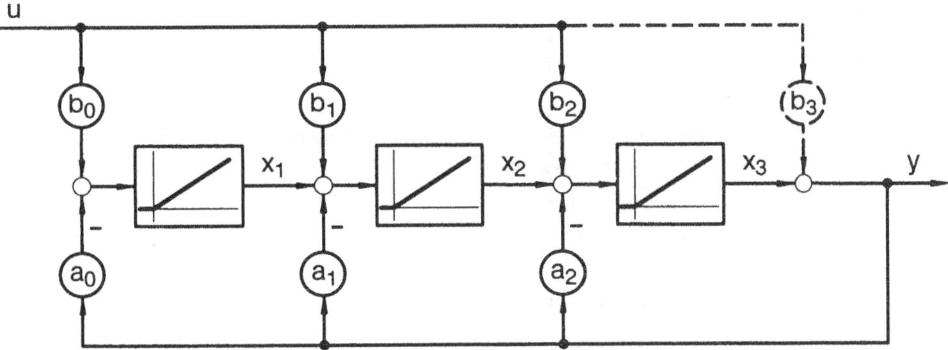

Bild 2.5: Beobachter-Normalform

Beobachter- und Regelungsnormalform sind zueinander dual.

Aus (2.19) läßt sich das Blockschaltbild der Beobachter-Normalform konstruieren.

2.5 Übungsbeispiel: Zustandsdarstellung einer mechanischen Strecke

Beschleunigung gekoppelter Fahrzeuge

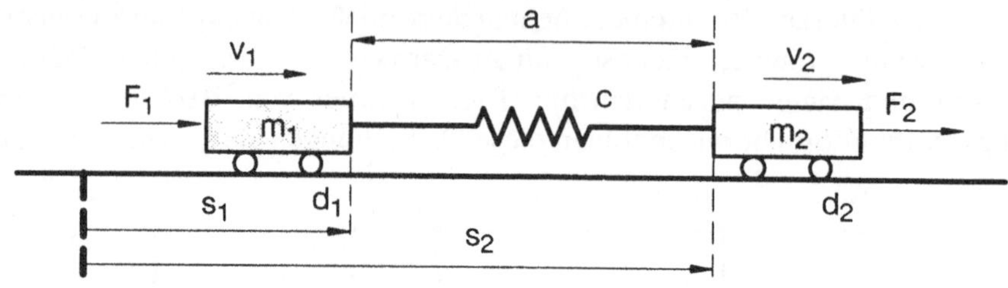

m_1, m_2	Massen
d_1, d_2	Reibkoeffizienten (geschwindigkeitsproportional)
c	Federsteifigkeit
v_1, v_2	Geschwindigkeiten
s_1, s_2	Positionen
a	Abstand
F_1, F_2	externe Kräfte

a) Stellen Sie die Matrizen A, B, C und D zur Beschreibung des dynamischen Verhaltens auf.
Eingangsgrößen sind F_1, F_2; Ausgangsgrößen sind s_2 und a.
Wählen Sie physikalisch sinnvolle Zustandsgrößen.

b) Erklären Sie die Werte der Matrix D.

c) Wie lautet die charakteristische Gleichung der Strecke?
(Setzen Sie zur Vereinfachung $m_1 = m_2 = 1$.)

d) Welche Pole entstehen für $d_1 = d_2 = 0$?

e) Wie lautet die Übertragungsfunktion von $F_1 \rightarrow a$, d.h. $G(s) = \dfrac{a(s)}{F_1(s)}$?

Diskutieren Sie den stationären Zustand.

2.5.1 Lösung

a) Es werden als Zustandsgrößen s_1, s_2, v_1 und v_2 gewählt. Diese Zustandsgrößen tragen physikalische Bedeutung. Die

Differentialgleichungen für die Zustandsgrößen lauten mit der Federkraft $F_c = c(s_2 - s_1)$:

$$\dot{s}_1 = v_1$$
$$\dot{s}_2 = v_2$$
$$m\dot{v}_1 = F_1 - d_1 v_1 + F_c = -d_1 v_1 + c(s_2 - s_1) + F_1 \ ,$$
$$m\dot{v}_2 = F_2 - d_2 v_2 - F_c = -d_2 v_2 - c(s_2 - s_1) + F_2 \ .$$

Der Zustandsvektor (im folgenden mit "Zustandsgröße" bezeichnet, wird wie folgt definiert:

$$x := \begin{bmatrix} v_1 \\ v_2 \\ s_1 \\ s_2 \end{bmatrix} .$$

Aus den obigen Differentialgleichungen lassen sich die Matrizen A und B angeben:

$$\begin{bmatrix} \dot{v}_1 \\ \dot{v}_2 \\ \dot{s}_1 \\ \dot{s}_2 \end{bmatrix} = \underbrace{\begin{bmatrix} -\frac{d_1}{m_1} & 0 & -\frac{c}{m_1} & \frac{c}{m_1} \\ 0 & -\frac{d_2}{m_2} & \frac{c}{m_2} & -\frac{c}{m_2} \\ 1 & 0 & 0 & 0 \\ 0 & 1 & 0 & 0 \end{bmatrix}}_{\boldsymbol{A}} \begin{bmatrix} v_1 \\ v_2 \\ s_1 \\ s_2 \end{bmatrix} + \underbrace{\begin{bmatrix} \frac{1}{m_1} & 0 \\ 0 & \frac{1}{m_2} \\ 0 & 0 \\ 0 & 0 \end{bmatrix}}_{\boldsymbol{B}} \begin{bmatrix} F_1 \\ F_2 \end{bmatrix} .$$

Die Ausgangsgrößen sind $s2$ und a, woraus die Matrizen C und D folgen:

$$\begin{bmatrix} s_2 \\ a \end{bmatrix} = \underbrace{\begin{bmatrix} 0 & 0 & 0 & 1 \\ 0 & 0 & -1 & 1 \end{bmatrix}}_{\boldsymbol{C}} \begin{bmatrix} v_1 \\ v_2 \\ s_1 \\ s_2 \end{bmatrix} + \underbrace{\begin{bmatrix} 0 & 0 \\ 0 & 0 \end{bmatrix}}_{\boldsymbol{D}} \begin{bmatrix} F_1 \\ F_2 \end{bmatrix} .$$

b) Die Eingangsgröße u (bestehend aus F_1 und F_2) hat keinen unmittelbaren Einfluß auf die Positionen s_2 und a.

c) Die charakteristische Gleichung ist die Determinante von $sI-A$:

$$P(s) = \begin{vmatrix} s+d_1 & 0 & c & -c \\ 0 & s+d_2 & -c & c \\ -1 & 0 & s & 0 \\ 0 & -1 & 0 & s \end{vmatrix}$$

Die Determinante entwickelt man zweckmäßigerweise nach einer Zeile oder Spalte, die nur wenige Elemente enthält (z.B. erste Spalte). Man erhält

$$P(s) = s\left[s^3 + (d_1 + d_2)s^2 + (2c + d_1d_2)s + (d_1 + d_2)c\right] .$$

d) Im reibungsfreien Fall ($d_1 = 0$, $d_2 = 0$) lautet die charakteristische Gleichung

$$P(s) = s^2\left[s^2 + 2c\right] .$$

Man erkennt einen Doppelpol bei $s = 0$ (doppelter Integrator) sowie eine ungedämpfte Schwingung durch das rein imaginäre Polpaar bei $\pm j\sqrt{2c}$.

e) Die Übertragungsfunktion berechnet sich aus der Zustandsdarstellung nach der Formel

$$G(s) = C(sI - A)^{-1}B + D . \tag{2.20}$$

Die Matrizen B und C sind nun so zu wählen, daß B den Einfluß der Eingangsgröße F_1 auf die Ableitung der Zustandsgrößen beschreibt und C den Zusammenhang zwischen Zustandsgrößen und a wiedergibt. Die Matrizen lauten dann

$$B = \begin{bmatrix} 1 \\ 0 \\ 0 \\ 0 \end{bmatrix}, \qquad C = \begin{bmatrix} 0 & 0 & -1 & 1 \end{bmatrix} . \tag{2.21}$$

Die Systemmatrix aus Aufgabenteil a) bleibt unverändert. Setzt man nun (2.21) in (2.20) ein, so erhält man

$$G(s) = -\frac{s + d_2}{s^3 + (d_1 + d_2)s^2 + (2c + d_1d_2)s + (d_1 + d_2)c} .$$

Die Anwendung von (2.20) erlaubt die systematische Berechnung von Übertragungsfunktionen bei bekannten Differentialgleichungen.

Der stationäre Zustand, d.h. der Zusammenhang zwischen konstanten Werten für a und F_1 ist

$$\lim_{t \to \infty} \frac{a(t)}{F_1(t)} = \lim_{s \to 0} G(s) = -\frac{d_2}{(d_1 + d_2)c} \ .$$

Dieses Ergebnis läßt sich anhand einiger Grenzfälle diskutieren:

1. $d_1 \to 0,\ d_2 \to \infty$: Der Abstand wird nur durch die Federsteifigkeit bestimmt. Im Fall $d_1 \to 0$ spielt die Geschwindigkeit keine Rolle, im Fall $d_2 \to \infty$ ist die Geschwindigkeit Null.

2. $d_1 \to \infty,\ d_2 < \infty$: Der Abstand bleibt Null, da sich das erste Fahrzeug aufgrund unendlicher Reibung nicht bewegen kann.

3 Zustandsregelung

Sowohl Stabilität als auch die Geschwindigkeit von Einschwingvorgängen werden ausschließlich von der Lage der Pole einer Übertragungsfunktion bestimmt. Es liegt nun nahe, einen Regler so zu entwerfen, daß die Pole des geschlossenen Kreises bestimmte Werte (in der linken Halbebene = LHE) annehmen. Man spricht in diesem Fall von Polvorgabe oder von Polverschiebung, falls die Pole durch den Regler um einen bestimmten Betrag (i.a. “nach links”) verschoben werden sollen.

Betrachten wir den Fall, daß die Pole des geschlossenen Kreises im Eingrößenfall durch eine Reglerübertragungsfunktion der Form

$$K = \frac{Z_K}{N_K}$$

für die Regelstrecke

$$G = \frac{Z_G}{N_G}$$

vorgegeben werden sollen. Für den geschlossenen Kreis folgt

$$T = \frac{\frac{Z_G Z_K}{N_G N_K}}{1 + \frac{Z_G Z_K}{N_G N_K}} = \frac{Z_G Z_K}{Z_G Z_K + N_G N_K} = \frac{Z_G Z_K}{\prod_{i=1}^{n} (s - s_i)} . \tag{3.1}$$

Die Nullstellen des Nennerpolynoms $P(s) = Z_G Z_K + N_G N_K$ (charakteristisches Polynom) sind die Pole s_i der Übertragungsfunktion. Für die Übertragungsfunktion $S(s)$ erhält man aufgrund von $S = 1 - T$ das selbe Nennerpolynom $P(s)$. Aus der Beziehung (3.1) lassen sich folgende Schlüsse ziehen:

1. Der Zusammenhang zwischen den Polen von T bzw. S und den Polynomen der Reglerübertragungsfunktion K ist kompliziert. Die Berechnung des Reglers erfordert die Lösung sogenannter diophantischer Gleichungen.
2. Die Ordnung des geschlossenen Kreises ist die Summe aus Regler- und Streckenordnung. Eine Polverschiebung kann nur unter Hinzufügung neuer Pole realisiert werden.

Eine einfache und elegante Vorgabe von Polen kann dagegen mit einem Zustandsregler erfolgen.

3.1 Polvorgabe mit einem Zustandsregler

Die Zustandsgrößen eines Systems beschreiben den jeweiligen "Zustand" vollständig, in dem sich die Strecke befindet. Verwendet man diese Information zur Rückkopplung auf den Eingang der Strecke, so können unter bestimmten Voraussetzungen alle Pole einer Strecke in gewünschter Weise vorgegeben bzw. verschoben werden. Die Struktur zeigt das Bild 3.1.

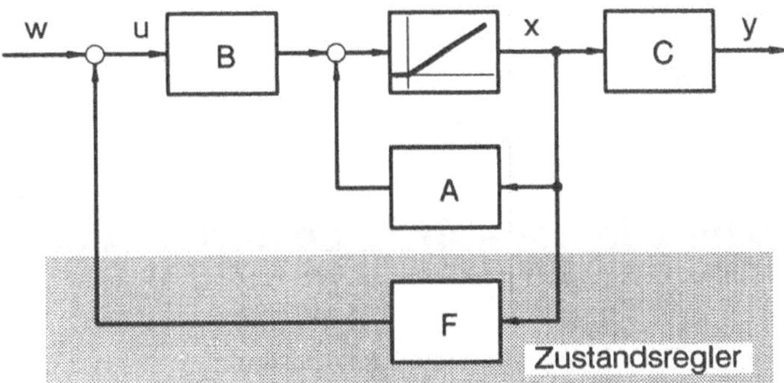

Bild 3.1: Zustandsregelung

Für die Strecke gelten die bekannten Gleichungen

$$\dot{x} = Ax + Bu\ , \qquad y = Cx\ .$$

Mit der Rückführung über F erhält man die Beziehungen des geschlossenen Kreises

$$u = w + Fx\ ,$$

$$\dot{x} = Ax + B(w + Fx) = (A + BF)x + Bw\ .$$

Systemmatrix der geregelten Strecke

Da sich die Ausgangsgleichung $y = Cx$ nicht ändert, bewirkt die Rückführung der Zustandsgrößen x über F lediglich eine Veränderung der Systemmatrix. Die Systemmatrix des geschlossenen Kreises ist nun

$$A + BF\ . \tag{3.2}$$

> Die Pole des geschlossenen Kreises sind die Eigenwerte der Matrix $A + BF$.

Der Entwurf des Zustandsreglers ist nun mit folgendem Problem identisch:

> Bestimmung der Matrix F so, daß die Eigenwerte λ_i von $A+BF$ vorgegebene Werte annehmen.

Obwohl die Gleichungen dieses Abschnitts uneingeschränkt gelten, soll im folgenden nur der Eingrößenfall behandelt werden, um das Prinzip der Polvorgabe zu beschreiben. Die Beziehungen werden hierdurch wesentlich vereinfacht. Die Verallgemeinerung der Polvorgabe auf Systeme mit mehreren Eingängen ist allerdings nicht trivial.

3.2 Struktur von $(sI - A)^{-1}$, Leverrier-Algorithmus

In Kapitel 2 wurde die Gleichwertigkeit von Zustandsdarstellung und Übertragungsfunktion für die Beschreibung des Übertragungsverhaltens einer Strecke aufgezeigt. Diese Darstellungsformen sind für verschiedene Algorithmen unterschiedlich gut geeignet. Eine Umrechnung zwischen beiden Darstellungen ist jedoch gemäß Bild 3.2 leicht möglich.

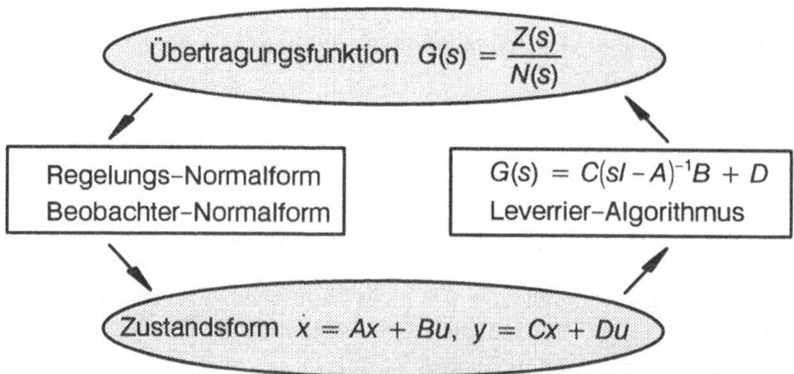

Bild 3.2: Umrechnung der Darstellungsformen

Der zur Umrechnung von einer Zustandsform in eine Übertragungsfunktion geeignete Leverrier-Algorithmus wird im folgenden ohne Beweis angegeben.

$$(sI - A)^{-1} = \frac{D_{n-1}s^{n-1} + D_{n-2}s^{n-2} + \ldots + D_1 s + D_0}{s^n + q_{n-1}s^{n-1} + \ldots + q_1 s + q_0} = \frac{D(s)}{Q(s)} \tag{3.3}$$

$$\begin{aligned} & & D_{n-1} &= I \\ q_{n-1} &= -\operatorname{Spur}\{AD_{n-1}\} & D_{n-2} &= AD_{n-1} + q_{n-1}I \\ q_{n-2} &= -\operatorname{Spur}\{AD_{n-2}/2\} & D_{n-3} &= AD_{n-2} + q_{n-2}I \\ & & &\vdots \\ q_1 &= -\operatorname{Spur}\{AD_1/(n-1)\} & D_0 &= AD_1 + q_1 I \\ q_0 &= -\operatorname{Spur}\{AD_0/n\} & D_{-1} &= AD_0 + q_0 I \overset{!}{=} 0 \end{aligned}$$

Kontrolle

$Q(s)$ ist das charakteristische Polynom der Strecke. Die $n \times n$ - Matrizen D_i bilden die Polynommatrix des Zählers $D(s)$. Die Matrix D_{-1} wird in $D(s)$ nicht benötigt. Sie ermöglicht jedoch eine Kontrolle der bisherigen Rechnungen. Das Ergebnis $D_{-1} = 0$ folgt aus dem Satz von Caley-Hamilton, wonach alle quadratischen Matrizen ihre eigene charakteristische Gleichung erfüllen [1]. Mit (3.3) folgt für die Übertragungsfunktion

$$G(s) = \frac{CD(s)B}{Q(s)} + D \ .$$

3.3 Berechnung des Polvorgabe-Reglers (Zustandsregelung)

Das charakteristische Polynom der ungeregelten Strecke kann durch den Parametervektor q vollständig beschrieben werden.

$$\begin{aligned} Q(s) &:= \det(sI - A) \\ &= s^n + q_{n-1}s^{n-1} + \ldots + q_1 s + q_0 \\ &= \underbrace{[1\ q_{n-1}\ \ldots\ q_1\ q_0]}_{q} \left.\begin{bmatrix} s^n \\ s^{n-1} \\ \vdots \\ s \\ 1 \end{bmatrix}\right\} s_n \\ &:= [1\ \ q]\ s_n \end{aligned} \tag{3.4}$$

Der Koeffizient q_n der höchsten Potenz von $Q(s)$ kann immer auf Eins gesetzt werden und enthält wie der Spaltenvektor s_n keine Information. Der Vektor q enthält somit nur die n Elemente q_{n-1} bis q_0. Wir bezeichnen das charakteristische Polynom des geschlossenen Kreises mit

$$\begin{aligned} P(s) &:= \det(sI - A - BF) \\ &= [1\ \ p]\ s_n\ , \end{aligned} \tag{3.5}$$

$$p = [p_{n-1}\ p_{n-2}\ \ldots\ p_1\ p_0]\ .$$

Entsprechend ist p der Parametervektor des Polynoms $P(s)$. Nachdem man die gewünschten Pole s_i festgelegt hat, kann man das charakteristische Polynom des geschlossenen Kreises aufstellen und kennt somit auch den Parametervektor p.

$$P(s) = \prod_{i=1}^{n}(s - s_i) = s^n + p_{n-1}s^{n-1} + \ldots + p_1 s + p_0 = [1\ \ p]\ s_n\ .$$

Aus dem Blockschaltbild 3.1 soll nun die Übertragungsfunktion von $w(s)$ nach $u(s)$ hergeleitet werden. Für den ungeregelten Teil gilt

$$x(s) = (sI - A)^{-1}Bu(s)\ .$$

Die Stellgröße u setzt sich aus x und w zusammen

$$\begin{aligned} u(s) &= Fx(s) + w(s) \\ &= F(sI - A)^{-1}Bu(s) + w(s) \end{aligned}$$

und daraus

$$[1 - F(sI - A)^{-1}B]u = w\ .$$

Mit $(sI - A)^{-1} = \dfrac{D(s)}{Q(s)}$ aus (3.3) lautet die gesuchte Beziehung

$$u = \frac{Q(s)}{Q(s) - FD(s)B} w \ . \tag{3.6}$$

Der Nenner von (3.6) ist das charakteristische Polynom des geschlossenen Kreises

$$\boxed{P(s) = Q(s) - FD(s)B \ .} \tag{3.7}$$

Das in (3.7) auftretende Produkt $D(s)B$ kann man nach (3.3) in die Form

$$\begin{aligned} D(s)B &= [D_{n-1}B \ D_{n-2}B \ \ldots \ D_1B \ D_0B] s_{n-1} \\ &:= Ws_{n-1} \end{aligned} \tag{3.8}$$

bringen. Der Vektor s_{n-1} ist dabei der n-elementige Spaltenvektor der Potenzen in s von s^{n-1} bis $s^0 = 1$. Schreibt man die Gleichung (3.7) in Koeffizientenform, so erhält man

$$[1 \ p] s_n = [1 \ q] s_n - FWs_{n-1}$$

bzw.

$$p = q - FW \ .$$

Löst man die obige Gleichung nach F auf, so folgt die Berechnungsvorschrift für den Zustandsregler

$$\boxed{F = (q - p)W^{-1} \ .} \tag{3.9}$$

Die Existenz einer Lösung hängt offensichtlich von der Invertierbarkeit der Matrix W ab. Umgekehrt folgt natürlich auch:

> Bei einer invertierbaren Matrix W können alle Pole eines Systems beliebig vorgegeben werden. W bezeichnet man als Polvorgabematrix

Aus der $n \times n$-Matrix W kann nun die Bedingung für die Lösbarkeit von (3.9) hergeleitet werden. Schreibt man

$$W = [D_{n-1}B \ D_{n-2}B \ \ldots \ D_1B \ D_0B]$$

ausführlich mit den Matrizen D_i nach Leverrier (3.3), d.h. mit

$$\begin{aligned} D_{n-1} &= I\,, \\ D_{n-2} &= A + q_{n-1}I\,, \\ D_{n-3} &= A^2 + q_{n-1}A + q_{n-2}I\,, \\ &\vdots \\ D_0 &= A^{n-1} + q_{n-1}A^{n-2} + \ldots + q_1 I\,, \\ 0 &= A^n + q_{n-1}A^{n-1} + \ldots + q_0 I\,, \end{aligned}$$

(Caley-Hamilton-Theorem)

so erkennt man, daß sich W als Produkt zweier Matrizen schreiben läßt

$$W = \left[B\ AB\ A^2B\ \ldots\ A^{n-2}B\ A^{n-1}B\right] \cdot \begin{bmatrix} 1 & q_{n-1} & q_{n-2} & \cdot & \cdot & q_1 \\ 0 & 1 & q_{n-1} & & & q_2 \\ \cdot & 0 & 1 & & & \\ \cdot & \cdot & 0 & & & \cdot \\ \cdot & \cdot & \cdot & & & \cdot \\ & \cdot & \cdot & & & \cdot \\ & & \cdot & & & \\ 0 & 0 & 0 & \cdot & \cdot & 1 \end{bmatrix} . \tag{3.10}$$

Die Determinante der oberen Dreiecksmatrix ist immer Eins. Der erste Term bestimmt somit die Invertierbarkeit von W. Daraus folgt die notwendige und hinreichende *Steuerbarkeitsbedingung* von R. E. Kalman (1960):

> Ein System $dx/dt = Ax + Bu$ ist dann und nur dann **steuerbar**, wenn die Spalten der **Steuerbarkeitsmatrix**
>
> $$Q_S \triangleq \left[B\ AB\ A^2B\ \ldots\ A^{n-2}B\ A^{n-1}B\right]$$
>
> linear unabhängig sind. Im Mehrgrößenfall (B ist kein Spaltenvektor) muß der Rang von Q_S gleich n sein. Gleichwertig ist die Aussage, daß der Zustandsvektor x in endlicher Zeit aus einem beliebigen Anfangszustand x_0 in den Endzustand $x = 0$ gebracht werden kann.
> Man bezeichnet in diesem Fall das **Paar (A, B) als steuerbar**.

Falls ein System nicht steuerbar ist, läßt sich kein Zustandsregler berechnen. Dies ist keine Schwäche des Verfahrens, sondern zeigt auf, daß dieses System schwierig oder gar nicht zu regeln ist.

3.3.1 Beispiel für ein nicht steuerbares System

In Bild 3.3 ist eine nicht steuerbare Strecke dargestellt.

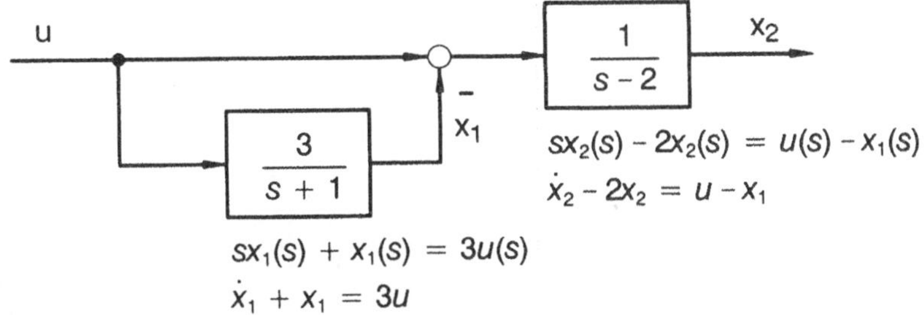

$$sx_1(s) + x_1(s) = 3u(s)$$
$$\dot{x}_1 + x_1 = 3u$$

Bild 3.3: Nicht steuerbares System

Faßt man die Differentialgleichungen für x_1 und x_2 zusammen, so folgt die Zustandsgleichung

$$\begin{bmatrix} \dot{x}_1 \\ \dot{x}_2 \end{bmatrix} = \begin{bmatrix} -1 & 0 \\ -1 & 2 \end{bmatrix} \begin{bmatrix} x_1 \\ x_2 \end{bmatrix} + \begin{bmatrix} 3 \\ 1 \end{bmatrix} u \; .$$

Die Steuerbarkeitsmatrix lautet damit

$$Q_S = [B \; AB] = \begin{bmatrix} 3 & -3 \\ 1 & -1 \end{bmatrix}, \qquad |Q_S| = 0$$

Wie man sieht, sind die beiden Spalten von Q_S linear abhängig, und somit ist $|Q_S| = 0$. Der schwerwiegende Defekt der Regelstrecke ist an der Übertragungsfunktion von u nach x_2 nicht zu erkennen.

$$x_1(s) = \frac{3}{s+1} u(s)$$

$$x_2(s) = \left(1 - \frac{3}{s+1}\right) \frac{1}{s-2} u(s)$$

$$= \frac{s-2}{(s+1)(s-2)} u(s) = \frac{1}{s+1} u(s)$$

$$G(s) = \frac{x_2(s)}{u(s)} = \frac{1}{s+1}$$

In der Übertragungsfunktion von u nach x_2 erscheint die Strecke $G(s)$ als stabile Strecke 1. Ordnung, die problemlos geregelt werden könnte. Nur in der Zustandsdarstellung erkennt man die wirkliche Struktur (instabile Strecke 2. Ordnung).

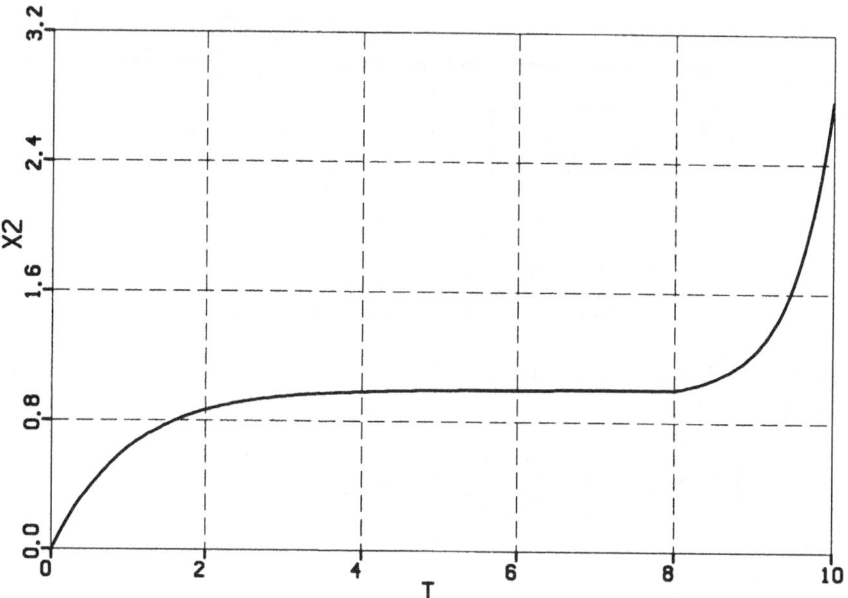

Bild 3.4: Regelung der nicht steuerbaren Strecke aus Bild 3.3

In Bild 3.4 ist die Regelung der Strecke aus Bild 3.3 mit dem PI–Regler

$$K(s) = \frac{s+1}{s}$$

gezeigt. Zum Zeitpunkt $t = 8$ sec wird eine kleine Störung von 0.1 auf den inneren Summationspunkt der Strecke aufgeschaltet. Wie zu erwarten, zeigt sich hier die Instabilität des geschlossenen Kreises.

3.4 Polvorgabe bei Regelungs-Normalform

Besonders einfache Verhältnisse ergeben sich bei der Polvorgabe einer Strecke in Regelungs-Normalform. Es zeigt sich, daß hierbei überhaupt keine Rechnungen erforderlich sind und somit die Regelungs-Normalform unmittelbar zur Bestimmung der Rückführmatrix geeignet ist. Dieser Eigenschaft verdankt die Normalform ihren Namen. Der Rechengang wird an einem System 3. Ordnung verdeutlicht. Die Verallgemeinerung auf ein System n. Ordnung ist trivial. Die Matrizen A und B in Regelungsnormalform lauten

$$A = \begin{bmatrix} 0 & 1 & 0 \\ 0 & 0 & 1 \\ -a_0 & -a_1 & -a_2 \end{bmatrix}, \qquad B = \begin{bmatrix} 0 \\ 0 \\ 1 \end{bmatrix}.$$

Man erhält für die Steuerbarkeitsmatrix

$$Q_S = \begin{bmatrix} B & AB & A^2B \end{bmatrix} = \begin{bmatrix} 0 & 0 & 1 \\ 0 & 1 & -a_2 \\ 1 & -a_2 & -a_1 + a_2^2 \end{bmatrix}.$$

Aufgrund der Struktur von Q_S (rechte untere Dreiecksmatrix) ist die Determinante immer -1. Schließlich folgt die Matrix W aus (3.10)

$$W = Q_S \begin{bmatrix} 1 & a_2 & a_1 \\ 0 & 1 & a_2 \\ 0 & 0 & 1 \end{bmatrix} = \begin{bmatrix} 0 & 0 & 1 \\ 0 & 1 & 0 \\ 1 & 0 & 0 \end{bmatrix} = W^{-1}.$$

Nach (3.9) läßt sich die Rückführmatrix F nun einfach als Differenz der Koeffizientenvektoren der charakteristischen Polynome von offenem und geschlossenem Kreis berechnen:

$$F = \begin{bmatrix} f_1 & f_2 & f_3 \end{bmatrix} = (a - p)W^{-1} = \left(\begin{bmatrix} a_2 & a_1 & a_0 \end{bmatrix} - \begin{bmatrix} p_2 & p_1 & p_0 \end{bmatrix} \right) \begin{bmatrix} 0 & 0 & 1 \\ 0 & 1 & 0 \\ 1 & 0 & 0 \end{bmatrix}$$

$$= \begin{bmatrix} a_0 - p_0 & a_1 - p_1 & a_2 - p_2 \end{bmatrix}. \tag{3.11}$$

Das gleiche Ergebnis kann man auch aus dem Blockschaltbild der Zustandsregelung für ein System in Regelungs-Normalform erkennen.

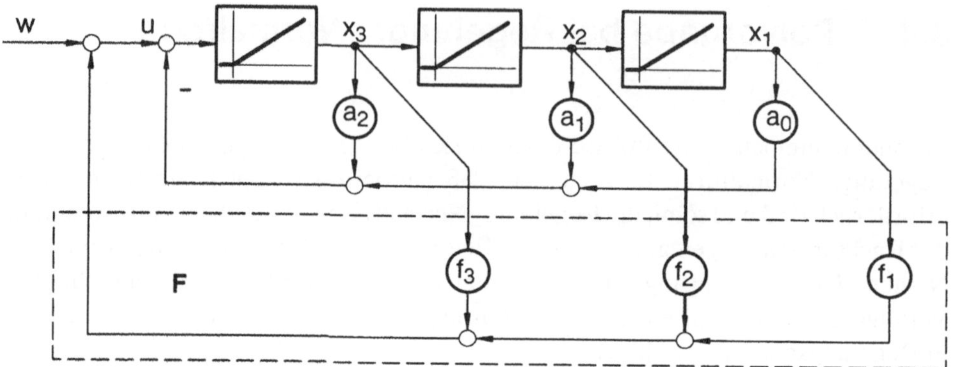

Bild 3.5: Zustandsregelung einer Strecke in Regelungs-Normalform

Offensichtlich ergeben sich die Koeffizienten des charakteristischen Polynoms für den geschlossenen Kreis einfach aus der Differenz

$$p = a - F \ .$$

Dies ist aber genau die Gleichung (3.11).

Wie man an Bild 3.5 erkennt, wirkt sich die Zustandsrückführung über F ausschließlich auf den Nenner der Übertragungsfunktion aus. Daraus folgt:

> Die Zustandsregelung hat *keinen* Einfluß auf die Lage der Nullstellen einer Übertragungsfunktion.

3.5 Zustandsregler für Führungsverhalten

Die stationäre Verstärkung einer Strecke ist

$$\lim_{s \to 0} F(s) = \lim_{s \to 0} V_S \frac{\prod_{k=1}^{n-1}(s - s_k)}{\prod_{i=1}^{n}(s - s_i)} = V_S \frac{\prod_{k=1}^{n-1}(-s_k)}{\prod_{i=1}^{n}(-s_i)} \ . \tag{3.12}$$

Verändert man die Pole s_i dieser Strecke, so geht damit eine Verstärkungsänderung einher. Da im geschlossenen Kreis alle Pole in der linken Halbebene liegen müssen, kann der Ausdruck (3.12) in diesem Fall nicht unendlich werden.

Der Zustandsregler gewährleistet immer Stabilität durch die Lage der Pole im geschlossenen Kreis. Für das Verhalten der Regelung in Bezug auf externe Anregungen sind aber die Nullstellen entscheidend, die bei einer Polvorgabe nicht verändert werden. Eine wesentliche Anforderung an eine Regelung ist eine stationäre Verstärkung der Übertragungsfunktion T von Eins (bzw. $T = I$ im Mehrgrößenfall). Diese Forderung läßt sich leicht mit der in Bild 3.6 gezeigten Struktur erfüllen.

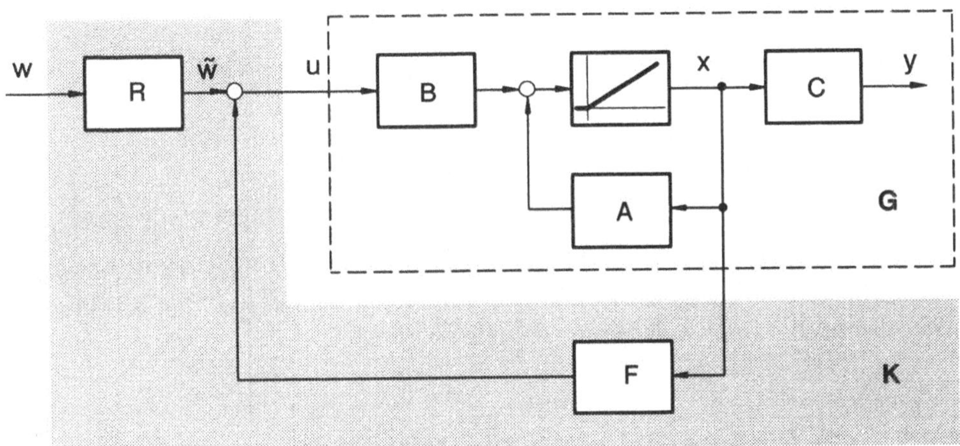

Bild 3.6: Zustandsregelung für stationäre Genauigkeit

Die quadratische Matrix R der Dimension $m \times m$ befindet sich außerhalb des geschlossenen Kreises und beeinflußt somit nicht die durch den Zustandsreglerentwurf festgelegten Pole. Mit den bekannten Gleichungen für die Strecke

$$\dot{x} = Ax + Bu \ , \quad y = Cx$$

und den Regler gemäß Bild 3.6

$$u = Fx + Rw$$

folgt für das geregelte System

$$\dot{x} = Ax + BFx + BRw = (A + BF)x + BRw \ ,$$

$$y = Cx \ . \qquad (3.13)$$

Im Frequenzbereich lautet (3.13)

$$y(s) = C(sI - A - BF)^{-1}BRw(s) = T(s)w(s) \ .$$

Die Übertragungsfunktion $T(s)$ soll nun für $t \rightarrow \infty$, d.h. $s \rightarrow 0$ den Wert I annehmen.

$$\lim_{s \to 0} T(s) = \lim_{s \to 0} C(sI - A - BF)^{-1} BR \overset{!}{=} I \tag{3.14}$$

Aus (3.14) folgt

$$R = -\left[C(A + BF)^{-1} B\right]^{-1} . \tag{3.15}$$

Da der geschlossene Kreis mit der Systemmatrix $A + BF$ bereits stabil ist, folgt wegen

$$\det(A + BF) = \prod_{i=1}^{n} \lambda_i[A + BF] \neq 0$$

die Invertierbarkeit von $A + BF$. Die Berechnung von R erfordert außerdem noch die "äußere" Inversion in (3.15). Die Lösbarkeit hängt von der Struktur der Regelstrecke ab und ist nicht immer gewährleistet.

3.5.1 Zustandsrealisierung des geschlossenen Kreises

Zu Simulationszwecken oder zur Analyse der Eigenschaften des geschlossenen Kreises wird häufig eine Zustandsdarstellung des Gesamtsystems benötigt. Wir wollen beispielhaft die Beziehungen zwischen Sollwert und Regelgröße/Stellgröße aufstellen.

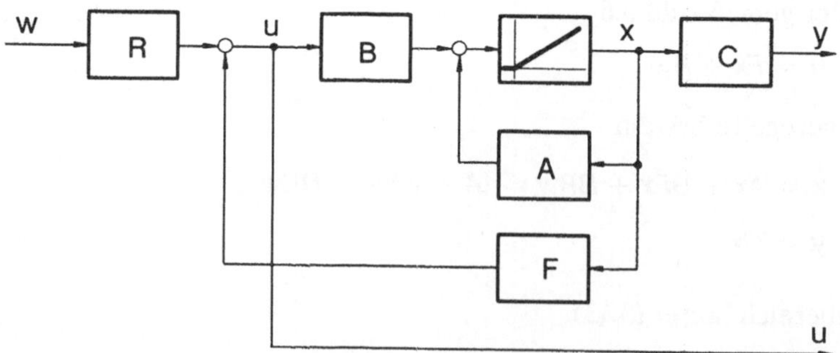

Bild 3.7: Blockschaltbild mit den Ausgangsgrößen y und u

Die Zusammenhänge liest man aus Bild 3.7 ab.

$$\dot{x} = \underbrace{(A + BF)}_{A_g} x + \underbrace{BR}_{B_g} w$$

$$\begin{bmatrix} y \\ u \end{bmatrix} = \underbrace{\begin{bmatrix} C \\ F \end{bmatrix}}_{C_g} x + \underbrace{\begin{bmatrix} 0 \\ R \end{bmatrix}}_{D_g} w$$

Die (Mehrgrößen-)Übertragungsfunktion

$$C_g (sI - A_g)^{-1} B_g + D_g$$

beschreibt dann das Übertragungsverhalten vom Sollwert w zu der Regelgröße y und der Stellgröße u.

3.6 Übungsbeispiel: Polvorgabe

Drehspulinstrument **(Größen normiert und dimensionslos)**

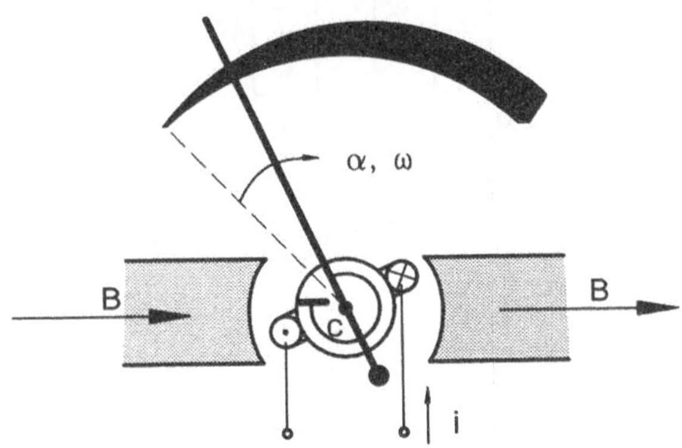

J	Trägheitsmoment
$M = i$	Drehmoment / Strom
c	Federkonstante

a) Wie lauten A, B für $x = \begin{bmatrix} \omega \\ a \end{bmatrix}$ und $u = M$?

b) Ist (A, B) steuerbar?

c) Wie lautet der Zustandsregler F (Zustandsrückführung) für $s_1 = s_2 = -1$ (Pole des geregelten Systems)?

d) Überprüfen Sie die Lösung durch Berechnung von $\det(sI - A - BF)$.

e) Zeichnen Sie ein Blockschaltbild der geregelten Strecke.

3.6.1 Lösung

a) Mit den Differentialgleichungen

$$\dot{\omega} = \frac{1}{J}M - \frac{1}{J}ca$$

$$\dot{a} = \omega$$

für die Zustandsgleichungen lauten die Matrizen A und B:

$$\begin{bmatrix} \dot{\omega} \\ \dot{a} \end{bmatrix} = \underbrace{\begin{bmatrix} 0 & -\frac{c}{J} \\ 1 & 0 \end{bmatrix}}_{\boldsymbol{A}} \begin{bmatrix} \omega \\ a \end{bmatrix} + \underbrace{\begin{bmatrix} \frac{1}{J} \\ 0 \end{bmatrix}}_{\boldsymbol{B}} M .$$

b) Das Paar (A, B) ist steuerbar, wenn die Steuerbarkeitsmatrix Q_S regulär ist, d.h. $\det[Q_S] \neq 0$ ist.

$$Q_s = [B \;\; AB] = \begin{bmatrix} \frac{1}{J} & 0 \\ 0 & \frac{1}{J} \end{bmatrix}$$

$$|Q_s| = \frac{1}{J^2}$$

(A, B) ist steuerbar. Die Steuerbarkeit geht nur für $J \rightarrow \infty$ verloren.

c) Die charakteristische Gleichung von $G(s)$ ist

$$|sI - A| = \begin{vmatrix} s & \frac{c}{J} \\ -1 & s \end{vmatrix} = s^2 + \frac{c}{J} ,$$

$$= Q(s) = [1 \quad q]\begin{bmatrix} s^2 \\ s \\ 1 \end{bmatrix} = [1 \quad q]s_n .$$

Somit lautet der Parametervektor für die ungeregelte Strecke

$$q = \begin{bmatrix} 0 & \frac{c}{J} \end{bmatrix} .$$

Die charakteristische Gleichung für das geregelte System ergibt sich zu

$$P(s) = (s - p_1)(s - p_2) = (s + 1)(s + 1) = s^2 + 2s + 1 ,$$

$$= [1 \quad p]s_n .$$

Der Parametervektor des geregelten Systems lautet damit

$$p = [2 \quad 1] .$$

Die Polvorgabematrix

$$W = [D_1 B \quad D_0 B]$$

kann mit dem Leverrier-Algorithmus bestimmt werden. Man erhält mit

$$D_1 = \begin{bmatrix} 1 & 0 \\ 0 & 1 \end{bmatrix} , \quad D_0 = \begin{bmatrix} 0 & -\frac{c}{J} \\ 1 & 0 \end{bmatrix}$$

die Polvorgabematrix

$$W = \begin{bmatrix} \frac{1}{J} & 0 \\ 0 & \frac{1}{J} \end{bmatrix} .$$

Die Inversion von W liefert

$$W^{-1} = \begin{bmatrix} J & 0 \\ 0 & J \end{bmatrix}.$$

Damit sind alle Größen zur Bestimmung der Zustandsrückführung berechnet worden:

$$F = (q-p)W^{-1} = \left(\begin{bmatrix} 0 & \frac{c}{J} \end{bmatrix} - \begin{bmatrix} 2 & 1 \end{bmatrix} \right) \begin{bmatrix} J & 0 \\ 0 & J \end{bmatrix},$$

$$= \begin{bmatrix} -2 & \frac{c}{J} - 1 \end{bmatrix} \begin{bmatrix} J & 0 \\ 0 & J \end{bmatrix}.$$

$$F = \begin{bmatrix} -2J & c - J \end{bmatrix}.$$

d)

$$|sI - A - BF| =$$

$$= \left| \begin{bmatrix} s & 0 \\ 0 & s \end{bmatrix} - \begin{bmatrix} 0 & -\frac{c}{J} \\ 1 & 0 \end{bmatrix} - \begin{bmatrix} \frac{1}{J} \\ 0 \end{bmatrix} \begin{bmatrix} -2J & c - J \end{bmatrix} \right|$$

$$= \begin{vmatrix} s + 2 & \frac{c}{J} - \frac{c}{J} + 1 \\ -1 & s \end{vmatrix} = s^2 + 2s + 1$$

Die charakteristische Gleichung hat die geforderten Nullstellen bei -1.

e) Blockschaltbild der geregelten Strecke:

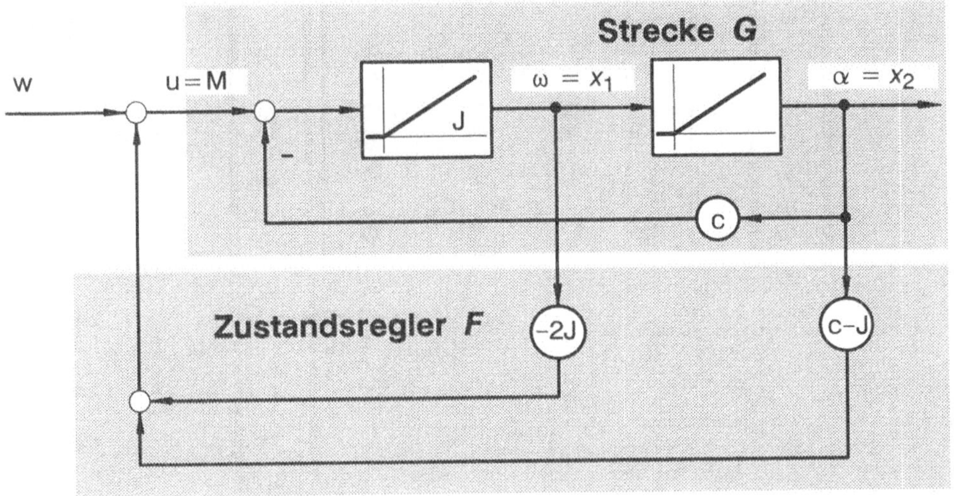

3.7 CAD-Übung: Zustandsreglerentwurf (MATLAB-Software erforderlich)

Feder-Massen-Strecke

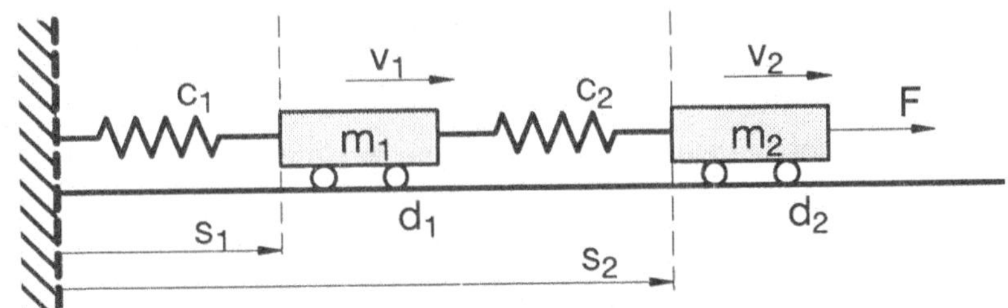

Die mit * gekennzeichneten Befehle sind keine Standard-Befehle in MATLAB.

a) Erzeugen Sie eine Zustandsrealisierung mit UE_1*. (Hinweis: Wählen Sie kleine Dämpfungen, wie etwa 0.01.)
Dieser Befehl erzeugt die Matrizen *A, B, C, D* gemäß

$$\begin{bmatrix} \dot{v}_1 \\ \dot{v}_2 \\ \dot{s}_1 \\ \dot{s}_2 \end{bmatrix} = \begin{bmatrix} -\frac{d_1}{m_1} & 0 & -\frac{c_1 + c_2}{m_1} & \frac{c_2}{m_1} \\ 0 & -\frac{d_2}{m_2} & \frac{c_2}{m_2} & -\frac{c_2}{m_2} \\ 1 & 0 & 0 & 0 \\ 0 & 1 & 0 & 0 \end{bmatrix} \begin{bmatrix} v_1 \\ v_2 \\ s_1 \\ s_2 \end{bmatrix} + \begin{bmatrix} 0 \\ \frac{1}{m_2} \\ 0 \\ 0 \end{bmatrix} [F]$$

$$s_2 = \begin{bmatrix} 0 & 0 & 0 & 1 \end{bmatrix} \begin{bmatrix} v_1 \\ v_2 \\ s_1 \\ s_2 \end{bmatrix} + \begin{bmatrix} 0 \end{bmatrix} [F]$$

b) Untersuchen Sie die Steuerbarkeit von (A, B) mit CTRB und DET.

c) Geben Sie 4 Pole mit dem Befehl UE_1PV* vor.
Dieser Befehl erzeugt die Matrizen *Ag, Bg, Cg* und *Dg* des geschlossenen Kreises.
Untersuchen Sie das Ergebnis mit Standard MATLAB Kommandos (STEP, BODE, EIG, DAMP).

d) Versuchen Sie, mit UE_1PID* einen PID-Regler zu entwerfen.
Dieser Befehl erzeugt die Matrizen *Apid, Bpid, Cpid* und *Dpid* des geschlossenen Kreises.
Welche Eigenschaften hat der geschlossene Kreis im Vergleich zu Ihrem Zustandsregler?

e) (Kür)
Entwerfen Sie einen Zustandsregler "von Hand" mit den Befehlen:

PVMW*	Berechnung von W aus A, B
POLY	Charakteristisches Polynom einer Matrix oder gegebener Nullstellen
DCGAIN	Stationäre Verstärkung
INV	Inverse einer Matrix

3.7.1 MATLAB M-Files

UE_1PV.M:

```
%
% UE_1PV  Uebung 1: Polvorgabe
%
% K. Mueller  01-MAY-1993
% Technische Universitaet Braunschweig, IfR
%
------------------------------------------------------------
disp(' Regelung des Feder-Massen-Schwingers mit
         Zustandsregler')
clp=zeros(1,4);
clp(1) = input(' Pol 1: ');
clp(2) = input(' Pol 2: ');
clp(3) = input(' Pol 3: ');
clp(4) = input(' Pol 4: ');
p=poly(clp);  q=poly(A);  W=pvmw(A,B);
F=(q(2:5)-p(2:5))*inv(W);
Ag=A+B*F;  R=1/dcgain(Ag,B,C,D);  Bg=B*R;  Cg=[C;F];
Dg=[0;R];
disp(' ...und hier ist das geregelte System:')
Ag, Bg, Cg, Dg
% --------- End of UE_1PV.M --- KPM %
```

PVMW.M:

```
function w = pvmw(a,b)
%       PVMW(A,B) erzeugt die Polvorgabematrix W aus der
%       Systemmatrix
%       A und der Eingangsmatrix B bzw. der Ausgangsmatrix C.
%       Ist die Dimension von B [n x 1], so wird die
%       Polvorgabematrix WR bestimmt. Ist B [1 x n], so wird
%       WB fuer einen Beobachter-
%       Entwurf berechnet. In diesem Fall ist die Matrix C
%       das zweite Argument.
%       Falls das System nicht steuerbar bzw. beobachtbar %
%       ist, wird W singulaer.
%       K. Mueller 01-MAY-1993
%       Technische Universitaet Braunschweig
[m, n] = size(a);   [m, 1] = size(b);
p = poly(a);   p = p(2:n) / p(1);
```

```
x = eye(n);
for i=1:n
    for k=i+1:n
        x(i,k) = p(k-i);
    end
end
if (m == n)      % Zustandsreglerentwurf
    disp('Polvorgabe Zustandsregler...')
    w = ctrb(a,b) * x;
else             % Beobachterentwurf
    disp('Polvorgabe Beobachter...')
    w = x' * obsv(a,b);
end
%---- End of PVMW.M /KPM ---
```

UE_1PID.M:

```
%
% UE_1PID  Uebung 1: Regelung mit idealem
% PID-Regler
%

% K. Mueller  01-MAY-1993
% Technische Universitaet Braunschweig, IfR
%-----------------------------------------------
disp(' Regelung des Feder-Massen-Schwingers mit PID-Regler')
disp(' Der PID-Regler sei eine Parallelschaltung von P-, I-
       und D-Anteil. Es sind jetzt die Koeffizienten
       der einzelnen Anteile einzugeben:')
Pp = input(' P-Anteil: ');
Pi = input(' I-Anteil: ');
Pd = input(' D-Anteil: ');
% Da der PID-Regler einen Integralanteil enthaelt,
% entsteht eine zusaetzliche Zustandsgroesse,
% naemlich der Ausgang des Integrators.
% Wie sich die Zustandsgleichungen aendern, wird
% sofort offensichtlich,
% wenn man sich klarmacht, dass die
% Regler-Eingangsgroesse gerade
% Sollwert - s2 und die Regler Ausgangsgroesse die
% Kraft F ist.
Apid = zeros(5,5);
```

```
Apid(1:4,1:4)=A;
Apid(2,2)=Apid(2,2)-Pd/m2;  Apid(2,4)=Apid(2,4)-Pp/m2;
Apid(2,5)=1/m2;
Apid(5,4)=-Pi;
Bpid=[0; Pp/m2; 0; 0; Pi];
Cpid=[C 0; 0 -Pd 0 -Pp 1];
Dpid=[0; Pp];
disp(' ')
disp(' Geregeltes System mit (y,u) als Ausgangsgroessen:')
Apid, Bpid, Cpid, Dpid
step(Apid,Bpid,Cpid,Dpid);
% --------- End of UE_1PID.M --- KPM %
```

3.7.2 Ergebnisse

Die folgenden Ausgaben zeigen die Anwendung der obigen MATLAB-Dateien. Bemerkungen sind *kursiv* gedruckt.

```
>> ue_1
 -----------------------------------------------------------
        MATLAB Uebung 1:
 -----------------------------------------------------------
        Zustandsregelung/Polvorgabe/Steuerbarkeit
        am Beispiel eines Feder-Massen-Schwingers
 -----------------------------------------------------------
        Dieses M-File erzeugt fuer das Beispiel:
             o  die Systemmatrix      A
             o  die Eingangsmatrix    B
             o  die Ausgangsmatrix    C
             o  die Durchgangsmatrix  D
        Eingangsgroesse  u:  Antriebskraft F
        Ausgangsgroesse  y:  Position      s2
        Zustandsgroessen x:  v1, v2, s1, s2
        > Bitte die Streckenparameter eingeben
          (weiter mit <RETURN>)

        > Masse 1          m1: 0.5
        > Masse 2          m2: 1
        > Reibung 1        d1: 0.01
        > Reibung 2        d2: 0.01
        > Federkonstante   c1: 10
        > Federkonstante   c2: 10
 Danke, das genuegt. Hier ist die Regelstrecke:
```

```
A = -0.0200         0  -40.0000   20.0000
         0   -0.0100   10.0000  -10.0000
    1.0000         0         0         0
         0    1.0000         0         0

B = 0
    1
    0
    0

C = 0     0     0     1

D = 0

           Die Streckenmatrizen sind in den Variablen
           A, B, C, D enthalten.
 --------------------------------------------------------------
                Viel Glueck beim Reglerentwurf.
 --------------------------------------------------------------
>> step(A,B,C,D)
```


Bild 3.8: Sprungantwort der ungeregelten Strecke

```
>> ue_lpv
 Regelung des Feder-Massen-Schwingers mit Zustandsregler
 Bitte die Pole vorgeben (nur reelle Pole)!
 Pol 1: -1
 Pol 2: -1
 Pol 3: -1
 Pol 4: -1

 Zustandsregler F:
F =   7.7259   -3.9700  -78.2092   44.0796
```

```
 Fuehrungsfilter R:
R =  0.0250

 Geregeltes System mit (y,u) als Ausgangsgroessen:
Ag = -0.0200         0  -40.0000   20.0000
      7.7259   -3.9800  -68.2092   34.0796
      1.0000         0         0         0
           0    1.0000         0         0

Bg =       0
      0.0250
           0
           0

Cg =       0         0         0    1.0000
      7.7259   -3.9700  -78.2092   44.0796

Dg =       0
      0.0250

>> damp(A)
   Eigenvalue           Damping         Freq. (rad/sec)
 -0.0057 + 2.0939i   0.0027                 2.0939
 -0.0057 - 2.0939i   0.0027                 2.0939
 -0.0093 + 6.7539i   0.0014                 6.7539
 -0.0093 - 6.7539i   0.0014                 6.7539

>> damp(Ag)
   Eigenvalue           Damping         Freq. (rad/sec)
 -0.9988                1.0000              0.9988
 -1.0000 + 0.0012i      1.0000              1.0000
 -1.0000 - 0.0012i      1.0000              1.0000
 -1.0012                1.0000              1.0012

>> damp(A+B*F)
   Eigenvalue           Damping         Freq. (rad/sec)
 -0.9988                1.0000              0.9988
 -1.0000 + 0.0012i      1.0000              1.0000
 -1.0000 - 0.0012i      1.0000              1.0000
 -1.0012                1.0000              1.0012
```

Die Systemmatrix des geregelten Systems A_g *ist* $A+BF$. *Folglich sind auch die Eigenwerte identisch. Die Abweichungen von -1.0 (s. Vorgaben) sind numerische Ungenauigkeiten.*

```
>> step(Ag,Bg,Cg,Dg)
```

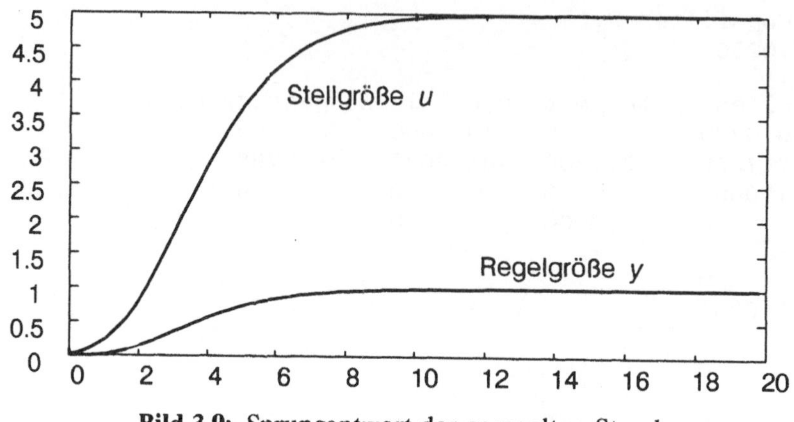

Bild 3.9: Sprungantwort der geregelten Strecke (Zustandsregler)

Anregung: Untersuchen Sie verschiedene Polkonfigurationen.

Zum Vergleich soll ein PID-Regler für die gleiche Regelstrecke eingesetzt werden. Die Parameter wurden durch "Probieren" ermittelt.

```
>> ue_1pid
 Regelung des Feder-Massen-Schwimgers mit PID-Regler
 P-Anteil: 23
 I-Anteil: 2
 D-Anteil: 100
 ...und hier ist das geregelte System:
Apid = -0.0200          0  -40.0000   20.0000         0
             0  -100.0100   10.0000  -33.0000    1.0000
        1.0000          0         0         0         0
             0     1.0000         0         0         0
             0          0         0   -2.0000         0

Bpid =       0
            23
             0
             0
             2

Cpid =       0     0     0     1     0
             0  -100     0   -23     1

Dpid =       0
            23
```

```
>> step(Apid,Bpid,Cpid,Dpid)
```

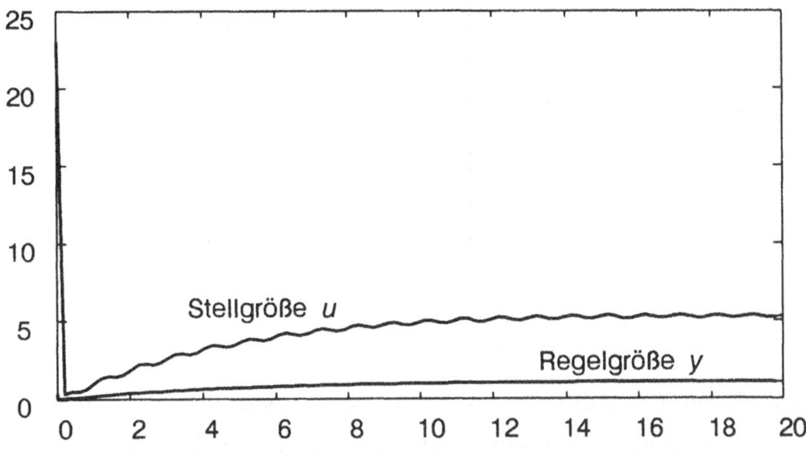

Bild 3.10: Sprungantwort der geregelten Strecke (idealer PID-Regler)

Die Stellgröße besitzt den für einen PID-Regler typischen Verlauf mit einer sehr großen Amplitude am Anfang. Der Regelkreis ist bei einem vergleichbaren Verlauf der Regelgröße schlecht gedämpft.

4 Beobachter

Der Zustandsregler aus dem vorangegangenen Abschnitt setzt eine Kenntnis aller Zustandsgrößen voraus. Mit Hilfe eines sogenannten Beobachters lassen sich auch nicht meßbare Zustandsgrößen rekonstruieren, wenn ein genaues Modell der Strecke zur Verfügung steht. Auf Luenberger [42] geht die Idee zurück, den Zustandsvektor x mit einem Streckenmodell zu schätzen. Die Begriffe Beobachter und Zustandsschätzung sind Synonyme.

Man geht davon aus, daß lediglich die Ausgangsgröße $y = Cx$ meßbar ist. Die geschätzten Zustandsgrößen werden mit $\hat{x}$ bezeichnet. Die Differenz zwischen Schätzwert und tatsächlicher Zustandsgröße ist der Schätzfehler

$$\tilde{x} := x - \hat{x} \; . \tag{4.1}$$

Die Gleichung (4.1) gilt natürlich auch für die Ableitungen

$$\dot{\tilde{x}} = \dot{x} - \dot{\hat{x}} \; . \tag{4.2}$$

Der Beobachter soll aus Stell- und Ausgangsgröße die Zustandsgrößen rekonstruieren. Man setzt deshalb formal für den Beobachter

$$\dot{\hat{x}} = L\hat{x} + Mu - Hy \tag{4.3}$$

an, wobei L, M und H noch zu bestimmen sind. Setzt man das Streckenmodell

$$\dot{x} = Ax + Bu, \qquad y = Cx \tag{4.4}$$

in (4.2) ein, so erhält man

$$\begin{aligned} \dot{\tilde{x}} = \dot{x} - \dot{\hat{x}} &= Ax + Bu - L\hat{x} - Mu + Hy \\ &= Ax + Bu - L(x - \tilde{x}) - Mu + HCx \\ &= L\tilde{x} + (A - L + HC)x + (B - M)u \; . \end{aligned} \tag{4.5}$$

Aus der letzten Gleichung lassen sich zunächst Bedingungen ableiten, unter denen der Schätzfehler unabhängig von der Anregung u und dem Systemzustand x wird:

1. $M = B$
2. $L = A + HC$

Die Gleichung (4.5) lautet damit

$$\dot{\tilde{x}} = L\tilde{x} = (A + HC)\tilde{x} \ .$$

Der Schätzfehler $\tilde{x}$ geht also asymptotisch gegen Null, wenn alle Eigenwerte von $A + HC$ einen negativen Realteil besitzen, d.h. in der linken Halbebene liegen.

Die Eigenwerte von $A+HC$ müssen in der linken Halbebene liegen.

Setzen wir $M = B$ und $L = A + HC$ in (4.3) ein, so erhält man die Beobachtergleichungen

$$\begin{aligned}\dot{\hat{x}} &= (A + HC)\hat{x} + Bu - Hy \\ &= A\hat{x} + Bu + H(C\hat{x} - y) \\ &= A\hat{x} + Bu + H(\hat{y} - y) \ .\end{aligned} \qquad (4.6)$$

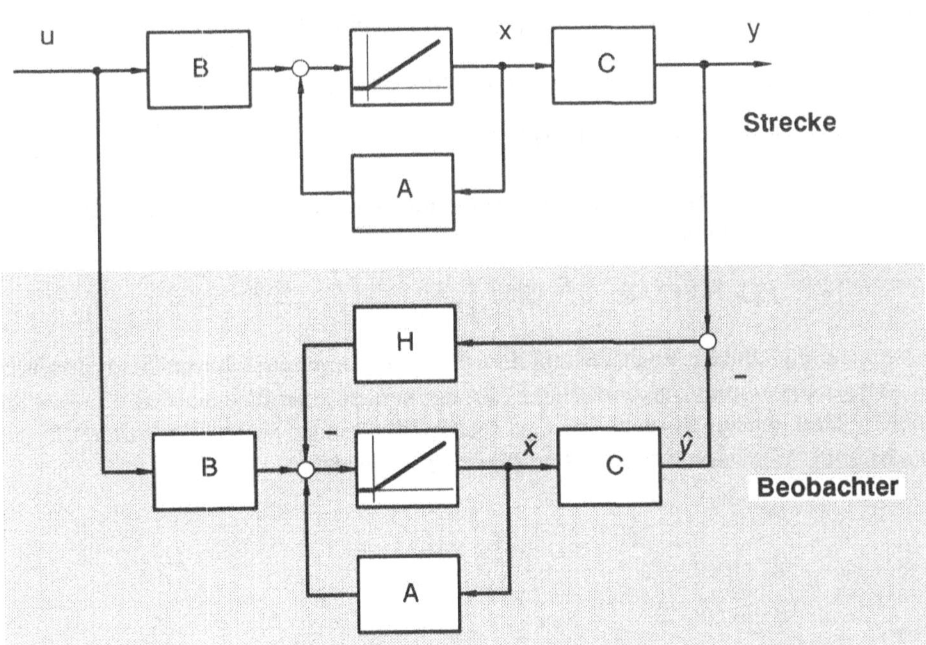

Bild 4.1: Strecke und Beobachter

$\hat{y}$ hat dabei die Bedeutung eines Schätzwertes für die meßbare Größe y. Das Ergebnis (4.6) läßt sich anschaulich zusammen mit der Strecke als Blockschaltbild zeichnen.

Das Streckenmodell ist Bestandteil des Beobachters. Die Matrix H bewirkt eine Korrektur der geschätzten Zustandsgrößen $\hat{x}$, falls die Meßwerte y und die geschätzten Ausgangsgrößen $\hat{y}$ nicht übereinstimmen.

4.1 Der Entwurf des Luenberger-Beobachters

Der Entwurf des sogenannten Luenberger-Beobachters erfolgt analog zur Zustandsregelung durch Polvorgabe mit Hilfe der Korrekturmatrix H. Die gegenüber der Zustandsregelung andere Form der Gleichungen (4.6) erlaubt jedoch keine unmittelbare Übertragung der Ergebnisse aus Kapitel 3.3.

Das charakteristische Polynom des Beobachters ist die Determinante

$$P(s) = \det(\, sI - A - HC \,) \; .$$

Da sich eine Determinate durch Transposition der Matrix nicht ändert ($\det(A) = \det(A^{T})$), gilt ebenfalls

$$P(s) = \det(\, sI - A^{T} - C^{T}H^{T} \,) \; .$$

Vergleicht man diesen Ausdruck mit dem charakteristischen Polynom des geschlossenen Kreises bei einem Zustandsregler, so zeigt sich, daß das Beobachter-Problem mit den Gleichungen zur Berechnung des Zustandsreglers gelöst werden kann (Gl. (3.5) aus Kapitel 3.3), wenn folgende Größen ersetzt werden:

$$A \rightarrow A^{T}$$

$$B \rightarrow C^{T}$$

$$F \rightarrow H^{T}$$

Analog zur Steuerbarkeitsmatrix Q_S existiert eine Beobachtbarkeitsmatrix Q_B:

Ein System $dx/dt = Ax + Bu$, $y = Cx$ ist dann und nur dann beobachtbar, wenn die Zeilen der Beobachtbarkeitsmatrix

$$Q_B = \begin{bmatrix} C \\ CA \\ CA^2 \\ \vdots \\ CA^{n-1} \end{bmatrix} \tag{4.7}$$

linear unabhängig sind (Kalman, 1960). Im Mehrgrößenfall (C ist kein Zeilenvektor) muß der Rang von Q_B gleich n sein. Man bezeichnet in diesem Fall das Paar (A, C) als beobachtbar.

Anschaulich hat eine singuläre Beobachtbarkeitsmatrix die Bedeutung, daß aus der Ausgangsgröße y nicht in endlicher Zeit eindeutig alle Zustandsgrößen rekonstruiert werden können. Ein einfaches Beispiel einer nicht beobachtbaren Strecke zeigt Bild 4.2.

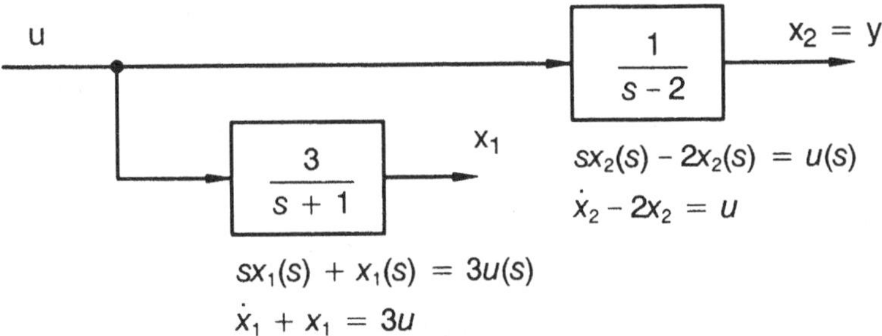

Bild 4.2: Nicht beobachtbare Strecke

Die Zustandsdarstellung der Strecke lautet gemäß Bild 4.2

$$\begin{bmatrix} \dot{x}_1 \\ \dot{x}_2 \end{bmatrix} = \begin{bmatrix} -1 & 0 \\ 0 & 2 \end{bmatrix} \begin{bmatrix} x_1 \\ x_2 \end{bmatrix} + \begin{bmatrix} 3 \\ 1 \end{bmatrix} u \, , \quad y = \begin{bmatrix} 0 & 1 \end{bmatrix} \begin{bmatrix} x_1 \\ x_2 \end{bmatrix} .$$

Die Beobachtbarkeitsmatrix lautet damit

$$Q_B = \begin{bmatrix} C \\ CA \end{bmatrix} = \begin{bmatrix} 0 & 1 \\ 0 & 2 \end{bmatrix} , \quad \det(Q_B) = 0 .$$

Wie man sieht, sind die beiden Zeilen von Q_B linear abhängig, und somit ist $\det(Q_B) = 0$. Aus der Struktur der Strecke in Bild 4.2 erkennt man sofort, daß von y aus die Zustandsgröße x_1 nicht beobachtbar ist. Bei komplizierteren Strecken ist diese Eigenschaft i.a. nur über die Beobachtbarkeitsmatrix Q_B zu erkennen.

Analog zum Zustandsregler kann die Matrix H berechnet werden:

Ist ein Paar (A, C) beobachtbar, so können die Pole eines Beobachters beliebig vorgegeben werden. Die Matrix H bezeichnet man als Filterverstärkung

$$H = W_B^{-1}(q^T - p^T) \tag{4.8}$$

Dabei ist q der Koeffizientenvektor des charakteristischen Polynoms der Strecke, p der Koeffizientenvektor des charakteristischen Polynoms des Beobachters und W_B die sogenannte Polvorgabematrix des Beobachters:

$$W_B = \begin{bmatrix} 1 & 0 & \cdots & \cdots & 0 \\ q_{n-1} & 1 & \ddots & & \vdots \\ \vdots & & \ddots & \ddots & 0 \\ q_1 & \cdots & \cdots & q_{n-1} & 1 \end{bmatrix} Q_B \, .$$

4.2 Zustandsregelung mit Beobachter

Für eine Zustandsregelung werden sämtliche Zustandsgrößen benötigt. In den Fällen, in denen eine Messung aller Zustandsgrößen nicht oder nur mit unverhältnismäßig hohem Aufwand möglich ist, bietet sich der Einsatz eines Beobachters an. Anstelle der tatsächlichen Zustandsgrößen x werden dann die geschätzten Größen $\hat{x}$ verwendet. Inwieweit diese Vorgehensweise zulässig ist, soll anhand der Gleichungen der geregelten Strecke geklärt werden.

Eingangsgrößen der Regelung in Bild 4.3 sind z und w, die als Störgrößen aufgefaßt werden können. Die Regelgröße y und die Stellgröße u bilden den Ausgangsvektor. Der Zustandsvektor hat nun die Dimension $2n$ und besteht aus x und $\hat{x}$. Man liest aus Bild 4.3 folgende Zustandsgleichungen ab:

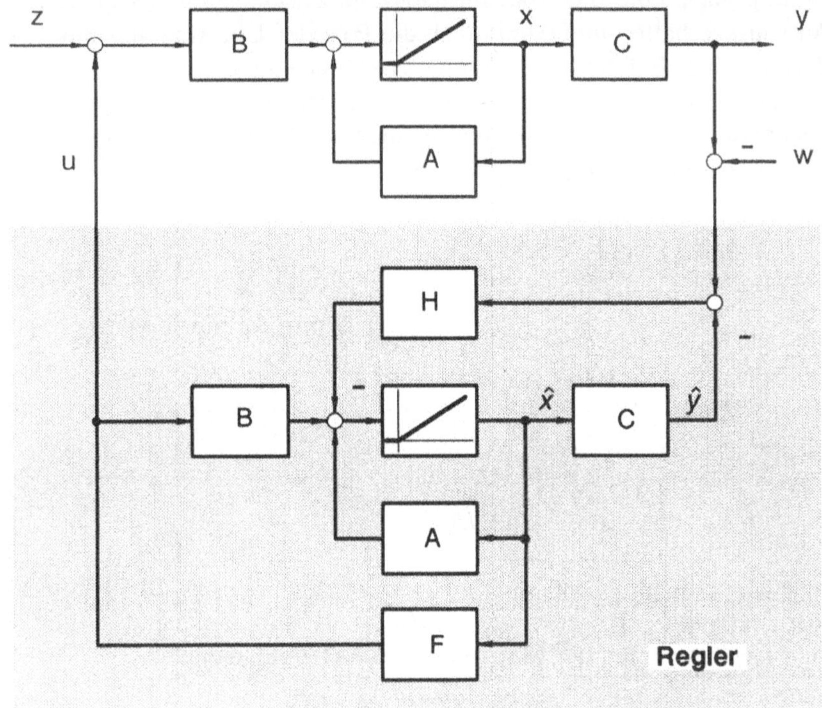

Bild 4.3: Zustandsregelung mit einem Beobachter

$$\underbrace{\begin{bmatrix} \dot{x} \\ \dot{\hat{x}} \end{bmatrix} = \begin{bmatrix} A & BF \\ -HC & A + BF + HC \end{bmatrix}}_{A_G} \begin{bmatrix} x \\ \hat{x} \end{bmatrix} + \underbrace{\begin{bmatrix} 0 & B \\ H & 0 \end{bmatrix}}_{B_G} \begin{bmatrix} w \\ z \end{bmatrix}$$

$$\begin{bmatrix} y \\ u \end{bmatrix} = \underbrace{\begin{bmatrix} C & 0 \\ 0 & F \end{bmatrix}}_{C_G} \begin{bmatrix} x \\ \hat{x} \end{bmatrix} + \underbrace{\begin{bmatrix} 0 & 0 \\ 0 & 0 \end{bmatrix}}_{D_G} \begin{bmatrix} w \\ z \end{bmatrix} \qquad (4.9)$$

Da wir sowohl den Zustandsregler als auch den Luenberger-Beobachter mit Hilfe der Polvorgabe bestimmen können, stellt sich nun die Frage, wie die Pole des Gesamtsystems lauten. Die Pole der geregelten Strecke sind die Eigenwerte von A_G, während die Zustandsregler- bzw. Beobachterpole die Eigenwerte von $A + BF$ bzw. $A + HC$ sind.

Wir erinnern uns an die Basistransformation im Zustandsraum (Kap. 2.3), die das Ein-/Ausgangsverhalten und damit auch die Pole der Übertragungsfunktion nicht verändert. Folglich darf die Operation $T^{-1}A_G T$ auch die Eigenwerte von A_G nicht verändern. Die Matrix A_G besteht aus 4 n x n-Blöcken. Die Transformationsmatrix T soll ebenfalls diese Struktur aufweisen, allerdings bestehen diese Blöcke nur aus Einheitsmatrizen und der n x n Nullmatrix:

$$T = \begin{bmatrix} I & 0 \\ I & -I \end{bmatrix} = T^{-1}$$

Aufgrund von $T \cdot T = I$ gilt $T = T^{-1}$. Die mit T transformierte Matrix A_G lautet:

$$A_g^* = \begin{bmatrix} I & 0 \\ I & -I \end{bmatrix} \begin{bmatrix} A & BF \\ -HC & A + BF + HC \end{bmatrix} \begin{bmatrix} I & 0 \\ I & -I \end{bmatrix} =$$

$$\begin{bmatrix} A + BF & -BF \\ 0 & A + HC \end{bmatrix} \tag{4.10}$$

Die entstehende Struktur der Matrix A_G bezeichnet man als Blockdreiecksform. Das charakteristische Polynom dieser Matrix ist nun einfach das Produkt der einzelnen Determinanten der Matrizen auf der Hauptdiagonale:

$$P(s) = \det(sI - A - BF) \cdot \det(sI - A - HC) \tag{4.11}$$

Aus der Gleichung (4.11) folgt das wichtige

Separationstheorem:	Die Pole der Zustandsregelung und des Beobachters können unabhängig voneinander vorgegeben werden. Sie beeinflussen sich nicht gegenseitig. Die Pole des Gesamtsystems aus Zustandsregelung und Beobachter setzen sich aus den Polen der Zustandsregelung ohne Beobachter und den Beobachterpolen zusammen.

4.2.1 Bestimmung des Reglers

Um die Zustandsgleichungen bzw. die Übertragungsfunktion eines Reglers gemäß Bild 4.4 herzuleiten, muß das Blockschaltbild 4.3 vorzeichenrichtig interpretiert werden.

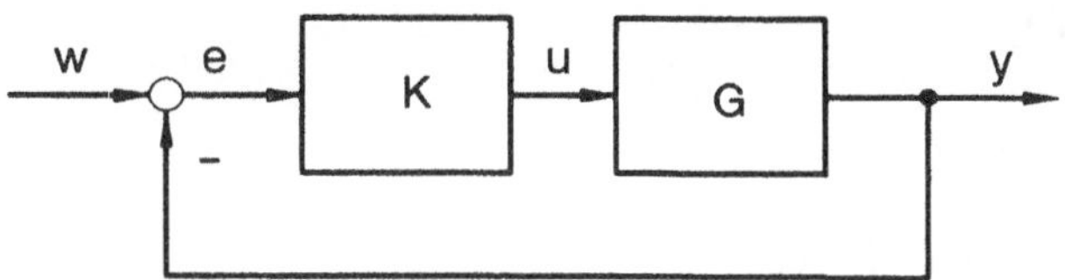

Bild 4.4: Zur Definition des Reglers K

Die Größe $e = w - y$ bildet den Eingang des Reglers. Den Zusammenhang zwischen e und den Zustandsgrößen des Reglers liest man aus Bild 4.3 ab.

$$\dot{\hat{x}} = (A + BF + HC)\hat{x} + H(w - y)$$

Mit der Ausgangsgleichung

$$u = F\hat{x}$$

lautet die Übertragungsfunktion des Reglers

$$\boxed{K(s) = F(sI - A - BF - HC)^{-1}H = \frac{u(s)}{e(s)}\ .} \qquad (4.12)$$

4.3 Übungsbeispiel: Zustandsregelung mit Beobachter

Doppelter Integrator

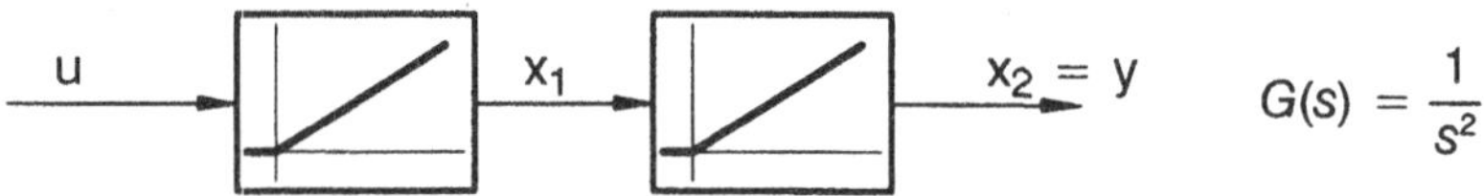

a) Entwerfen Sie einen Zustandsregler mit den Polen $s_1 = -1,\ s_2 = -2$.

b) Entwerfen Sie einen Beobachter mit den Polen $s_3 = -3,\ s_4 = -4$.

c) Wie lauten Zustandsdarstellung und Übertragungsfunktion des Reglers $K(s)$ (der Zustandsregelung mit einem Beobachter)?

d) Welcher Typ von Regler entsteht?

4.3.1 Lösung

a) Die Zustandsgleichungen lauten:

$$\begin{bmatrix} \dot{x}_1 \\ \dot{x}_2 \end{bmatrix} = \underbrace{\begin{bmatrix} 0 & 0 \\ 1 & 0 \end{bmatrix}}_{\mathbf{A}} \begin{bmatrix} x_1 \\ x_2 \end{bmatrix} + \underbrace{\begin{bmatrix} 1 \\ 0 \end{bmatrix}}_{\mathbf{B}} u$$

$$y = \underbrace{\begin{bmatrix} 0 & 1 \end{bmatrix}}_{\mathbf{C}} \begin{bmatrix} x_1 \\ x_2 \end{bmatrix}$$

Die Steuerbarkeitsmatrix Q_S sowie deren Inverse folgt aus A und B:

$$Q_S = \begin{bmatrix} B & AB \end{bmatrix} = \begin{bmatrix} 1 & 0 \\ 0 & 1 \end{bmatrix} = Q_S^{-1}$$

Mit den Polen der Strecke und den gewünschten Polen des geschlossenen Kreises sind die Koeffizienten-Vektoren q und p festgelegt.

$$Q(s) = s^2 \qquad\qquad P(s) = (s+1)(s+2) = s^2 + 3s + 2$$

$$\Downarrow \qquad\qquad\qquad \Downarrow$$

$$q = \begin{bmatrix} 0 & 0 \end{bmatrix} \qquad\qquad p = \begin{bmatrix} 3 & 2 \end{bmatrix}$$

Nun kann die Polvorgabe-Matrix W berechnet werden (s. Gl. (3.10) aus Kap. 3).

$$W = Q_S \begin{bmatrix} 1 & 0 \\ 0 & 1 \end{bmatrix} = Q_S = W^{-1}$$

Daraus folgt für die Zustandsrückführung

$$F = \begin{bmatrix} f_1 & f_2 \end{bmatrix} = (q - p)W^{-1} = \begin{bmatrix} -3 & -2 \end{bmatrix} .$$

b) Die Berechnung des Luenberger-Beobachters erfolgt analog zum Zustandsregler.

$$Q_B = \begin{bmatrix} C \\ CA \end{bmatrix} = \begin{bmatrix} 0 & 1 \\ 1 & 0 \end{bmatrix} = Q_B^{-1}$$

$$W_B = \begin{bmatrix} 1 & 0 \\ 0 & 1 \end{bmatrix} Q_B = Q_B = W_B^{-1}$$

Der Koeffizientenvektor des charakteristischen Polynoms für den Beobachter lautet:

$$P(s) = (s + 3)(s + 4) = s^2 + 7s + 12$$

$$\Downarrow$$

$$p = [7 \quad 12]$$

Die Beobachtermatrix H folgt aus Gl. (4.8).

$$H = \begin{bmatrix} h_1 \\ h_2 \end{bmatrix} = W_B^{-1}(q^T - p^T) = \begin{bmatrix} 0 & 1 \\ 1 & 0 \end{bmatrix} \begin{bmatrix} -7 \\ -12 \end{bmatrix} = \begin{bmatrix} -12 \\ -7 \end{bmatrix}$$

c) Die Zustandsgleichungen des Reglers mit der Eingangsgröße $e = w - y$ und der Ausgangsgröße u (Stellgröße) lauten

$$\dot{\hat{x}} = (A + BF + HC)\hat{x} + H(w - y) ,$$

$$u = F\hat{x} .$$

Damit folgt für die Übertragungsfunktion des Reglers

$$K(s) = F(sI - A - BF - HC)^{-1}H .$$

Einsetzen der Zahlenwerte der Aufgabenteile a) und b) führt auf die Übertragungsfunktion

$$K(s) = \frac{50s + 24}{s^2 + 10s + 35} .$$

d) Es entsteht ein PDT_2-Regler. Der geschlossene Kreis besitzt dann die Pole -1, -2, -3 und -4. Das Bild 4.5 zeigt eine Simulation des geschlossenen Kreises für einen Sollwertsprung.

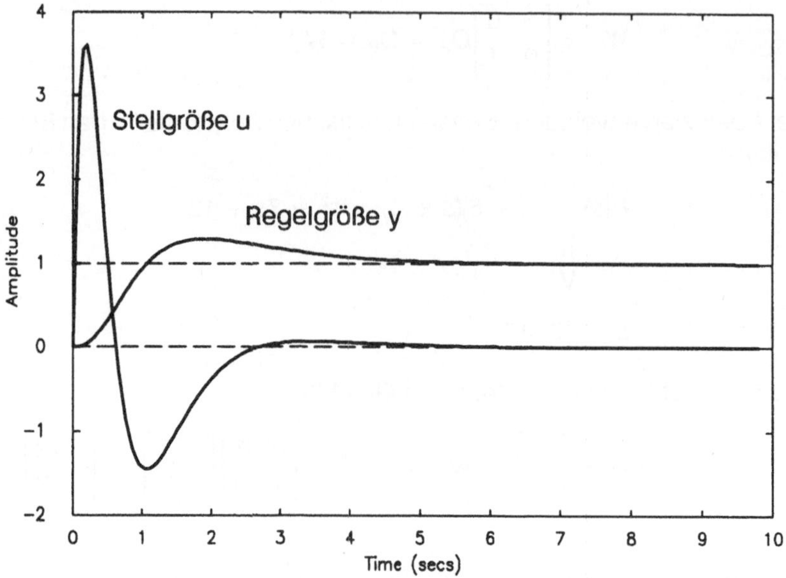

Bild 4.5: Sprungantwort der geregelten Strecke (doppelter Integrator)

5 Optimale Zustandsregelung

Ein "optimaler" Regler $K(s)$ ist die Lösung eines Variations- oder Extremwertproblems der Form

$$J(x, u, t, \ldots) = \min_{K(s)}.$$

Ein Regler ist nur dann optimal hinsichtlich des sogenannten Funktionals J, wenn kein anderer Regler existiert, der J weiter minimiert. Das Funktional J wird häufig auch als Kostenfunktion bezeichnet.

Der Begriff "optimal" kennzeichnet also einen *objektiven* Sachverhalt im Gegensatz zu der subjektiven Bewertung einer Regelung als "gut". Ackermann soll einmal eine Regelung mit den Worten beurteilt haben: "Die Regelung ist optimal, aber nicht gut". Auch der umgekehrte Fall ist denkbar, wenn beispielsweise eine Zustandsregelung, die mit Hilfe der Polvorgabe entworfen wurde, auf sehr gute Ergebnisse führt. Da in diesem Fall aber kein Funktional minimiert wird (die Vorgabe der Pole ist größtenteils willkürlich), kann man nicht von einer optimalen Regelung sprechen.

Bei einer optimalen Zustandsregelung wird derjenige Verlauf der Stellgröße gesucht, der eine lineare Strecke von einem beliebigen Anfangszustand x_0 in den Zustand $x(t \to \infty) = 0$ überführt. Obwohl es sich eigentlich um ein Steuerungsproblem handelt, kann man die entstehende Lösung auch für eine Regelung einsetzen. Das zu minimierende Funktional lautet

$$J = \int_0^\infty L(x, u, t)dt = \frac{1}{2}\int_0^\infty (x^T Q x + u^T R u)dt \stackrel{!}{=} \min. \tag{5.1}$$

Die Funktion $u(t)$, durch die J zu einem Minimum wird, ist die optimale Lösung. Mit den beiden quadratischen Matrizen Q und R wird der Entwurf spezifiziert. Je größer die Elemente der Matrix Q, desto mehr gehen aufgrund der quadratischen Form von (5.1) die Beträge der Zustandsgrößen ein. Mit der Matrix R wird der Betrag der Stellgröße u gewichtet. Setzt man $R = 0$, so könnte das Funktional J mit einer unendlichen Stellgröße beliebig klein werden, was sicherlich keine sinnvolle Lösung darstellt.

Es existiert eine Vielzahl verschiedener Funktionale, die auf ganz unterschiedliche Regelungen oder Steuerungen führen. Das Funktional (5.1) war jedoch eines der ersten, für das eine analytische Lösung entwickelt wurde.

Für (5.1) muß natürlich die Nebenbedingung

$$\dot{x} = f(x, u, t) = Ax + Bu$$

eingehalten werden. Die Berücksichtigung von Nebenbedingungen in dem Gütefunktional kann durch Erweiterung von J mit Hilfe der Langrange-Multiplikatoren Ψ erfolgen:

$$J = \int_0^\infty \left\{L(x, u, t) - \psi^T\left(f(x, u, t) - \dot{x}\right)\right\} dt \tag{5.2}$$

Sofern die Nebenbedingungen eingehalten werden, erhöht die Erweiterung in (5.2) nicht den Wert des Funktionals (5.1). Damit ist das Problem wieder auf die Minimierung eines Funktionals ohne Nebenbedingungen zurückgeführt. Es müssen nun allerdings gegenüber (5.1) zusätzlich die unbekannten Lagrange-Multiplikatoren bestimmt werden.

Die Funktion $u(t)$, die das Funktional (5.2) minimiert, soll nach dem *Hamiltonverfahren* bestimmt werden. Die Hamiltonfunktion ist bei dem Integralkriterium der obigen Form definiert als

$$\begin{aligned} H(x, u, \psi, t) &= -L(x, u, t) + \psi^T f(x, u, t) \\ &= -\frac{1}{2}x^T Q x - \frac{1}{2}u^T R u + \psi^T(Ax + Bu) \ . \end{aligned} \tag{5.3}$$

Man kann das Funktional mit der Hamilton-Funktion (5.3) auch schreiben als

$$J = -\int_0^\infty \left\{H(x, u, \psi, t) - \psi^T \dot{x}\right\} dt \ .$$

Aus der Variationsrechnung folgt, daß für die optimale Trajektorie $u(t)$ die Hamiltonfunktion konstant bleibt. Ohne Beweis sind im folgenden die Schritte zur Berechnung von $u(t)$ nach dem Hamilton-Verfahren zusammengestellt.

Hamilton-Verfahren: (ohne Beweis)

1. Für den optimalen Verlauf der Stellgröße u bleibt die Hamilton-Funktion konstant
$$\frac{\partial H}{\partial u} = 0 \ .$$

2. Der Verlauf der Lagrange-Multiplikatoren (auch adjungierter Zustandsvektor genannt) folgt aus
$$\dot{\psi} = -\frac{\partial H}{\partial x} \ .$$

3. Der Verlauf der Zustandsgrößen folgt aus der Nebenbedingung
$$\dot{x} = \frac{\partial H}{\partial \psi} = f(x,u,t) = Ax + Bu \ .$$

Als Randbedingungen müssen $x(t \to \infty) = 0$ und $u(t \to \infty) = 0$ gelten, da sonst das Funktional J nicht endlich ist. Wir wollen nun einschränkend aus Gründen der einfacheren Rechenbarkeit Q und R als symmetrisch annehmen. R sei positiv definit (die Stellgröße könnte sonst unendlich werden) und Q positiv semidefinit. Diese Annahme gewährleistet $x^T Q x \geq 0$ sowie $u^T R u > 0$.

5.1 Berechnung der optimalen Stellgröße $u(t)$

Um das Hamilton-Verfahren auf die Funktion (5.3) anwenden zu können, werden einige Ergebnisse aus der Matrix-Analysis benötigt, die im Anhang zusammengestellt sind. Anhand einfacher Beispiele lassen sich die Beziehungen auch leicht selbst herleiten.

Aus Schritt 1 folgt

$$\frac{\partial H}{\partial u} = -Ru + B^T \psi = 0 \ . \tag{5.4}$$

Der Verlauf der Lagrange-Multiplikatoren ergibt sich aus Schritt 2:

$$\dot{\psi} = -\frac{\partial H}{\partial x} = -\left[-Qx + A^T \psi\right] = Qx - A^T \psi \tag{5.5}$$

Die Nebenbedingung (Schritt 3) schließlich ist trivial:

$$\dot{x} = \frac{\partial H}{\partial \psi} = Ax + Bu \tag{5.6}$$

Aus (5.4) folgt die Stellgröße

$$u = R^{-1}B^{T}\psi \ . \tag{5.7}$$

Eingesetzt in die Gleichung der Strecke (5.6) ergibt sich

$$\dot{x} = Ax + BR^{-1}B^{T}\psi \ . \tag{5.8}$$

Die Gleichungen (5.5), (5.7) und (5.8) ergeben das Blockschaltbild 5.1.

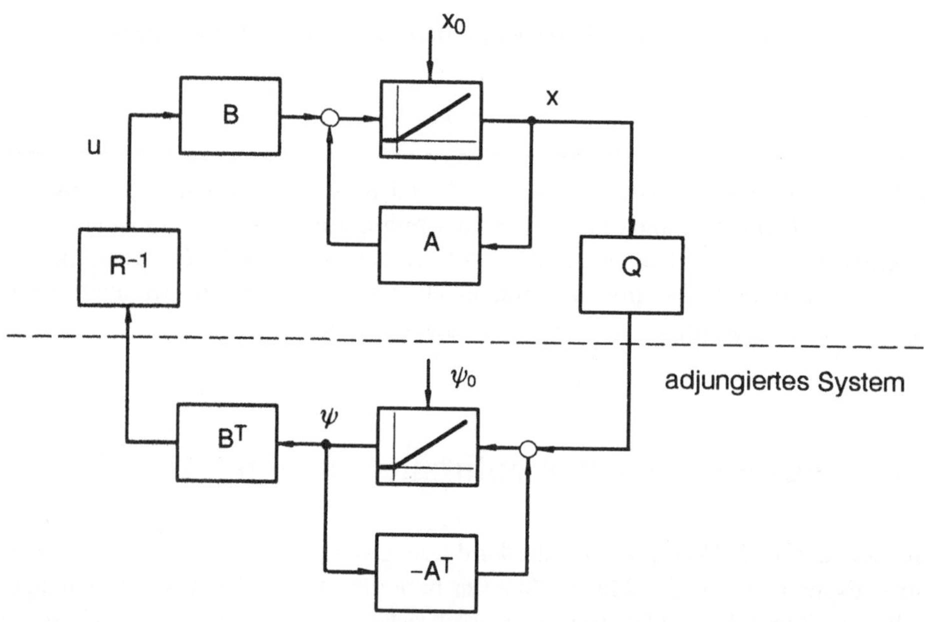

Bild 5.1: Optimale Zustandsregelung

Die Zustandsgleichung des Gesamtsystems mit dem Zustandsvektor $[x \ \Psi]^{T}$ lautet

$$\begin{bmatrix} \dot{x} \\ \dot{\psi} \end{bmatrix} = \underbrace{\begin{bmatrix} A & BR^{-1}B^{T} \\ Q & -A^{T} \end{bmatrix}}_{\substack{\text{Hamilton-Matrix } H_A \text{ (Eigenwerte} \\ \text{symmetrisch zur imaginären Achse)}}} \begin{bmatrix} x \\ \psi \end{bmatrix} . \tag{5.9}$$

Die Systemmatrix in (5.9) bezeichnet man als Hamilton-Matrix. Jede Hamilton-Matrix erfüllt die Gleichung

$$T^{-1}H^TT = -H \ , \qquad T = \begin{bmatrix} 0 & I \\ -I & 0 \end{bmatrix} , \qquad T^{-1} = T^T = -T \ . \tag{5.10}$$

Weder das Transponieren von H noch die Transformation mit T verändert die Eigenwerte von H. Falls λ_i Eigenwert von H ist, so muß folglich auch $-\lambda_i$ Eigenwert von H sein. Für $Q = 0$ besitzt die Hamiltonmatrix die Eigenwerte von A und von $-A^T$; das System (5.9) ist also immer instabil. Die Matrizen Q und R verändern nun diese Eigenwerte. An der Eigenschaft, daß alle Eigenwerte spiegelsymmetrisch zur imaginären Achse auftreten, ändert sich jedoch nichts.

Aufgrund der Instabilität von (5.9) erscheint die "optimale" Lösung höchst fragwürdig. Zu jedem beliebigen Anfangswert x_0 existiert jedoch immer ein bestimmter Anfangswert Ψ_0 des sogenannten adjungierten Systems, so daß das Funktional (5.3) tatsächlich ein Minimum annimmt.

In Bild 5.2 ist der Verlauf aller Zustandsgrößen für die instabile Systemmatrix

$$H_A = \begin{bmatrix} 0 & 1 & 0 & 0 \\ -1 & -0.2 & 0 & 1 \\ 1 & 0 & 0 & 1 \\ 0 & 1 & -1 & 0.2 \end{bmatrix} \tag{5.11}$$

bei richtiger Wahl der Anfangswerte gezeigt.

Diese Beobachtung läßt vermuten, daß sich bei der speziellen Wahl der Anfangsbedingungen von Ψ_0 der gleiche Verlauf auch bei einem stabilen System einstellen kann. Wir wollen deshalb den Ansatz

$$\psi = -Px \tag{5.12}$$

(unabhängig von x_0) versuchen und Existenzbedingungen aufstellen. Die Stellgröße (5.7) lautet dann mit dem Ansatz (5.12)

$$u = -R^{-1}B^TPx \ . \tag{5.13}$$

Setzen wir das Ergebnis in die Zustandsgleichung der Strecke ein, so entsteht

$$\dot{x} = Ax - BR^{-1}B^TPx = \left(A - BR^{-1}B^TP\right)x \ . \tag{5.14}$$

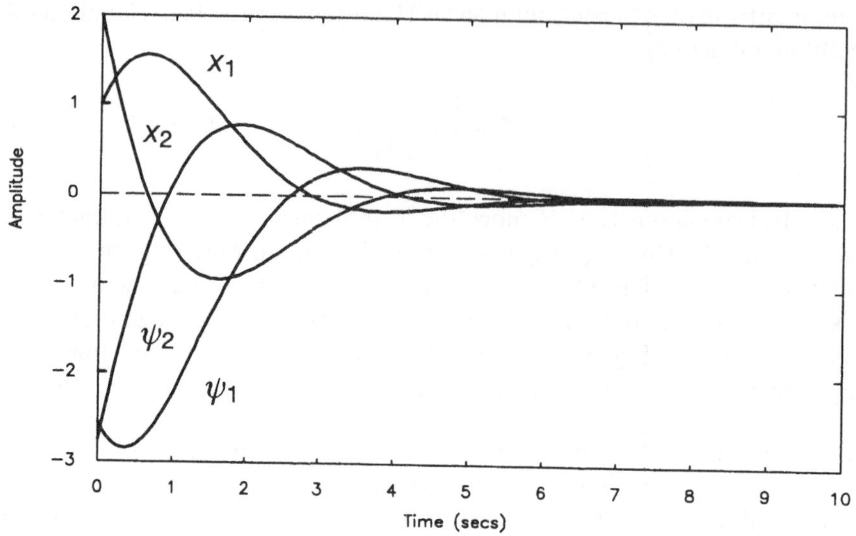

Bild 5.2: Verlauf der Zustandsgrößen für die (instabile) Hamilton–Matrix (5.11)

Der Ansatz (5.12) wird nun in die Zustandsgleichung für Ψ (5.5) eingesetzt

$$\dot{\psi} = Qx + A^T Px = (Q + A^T P)x \ . \tag{5.15}$$

Ableitung des Ansatzes und Ersetzen von $\dot{x}$ gemäß (5.14) führt auf den Ausdruck

$$\begin{aligned} \dot{\psi} &= -P\dot{x} \\ &= (-PA + PBR^{-1}B^T P)x \ , \end{aligned} \tag{5.16}$$

der mit (5.15) gleichgesetzt werden kann. Man stellt fest, daß die Beziehung

$$Q + A^T P = -PA + PBR^{-1}B^T P$$

eine von x unabhängige Bestimmungsgleichung für P darstellt. Diese berühmte Gleichung bezeichnet man als

> Algebraische Regler Riccati-Gleichung
> **CARE** (Controller Algebraic Riccati Equation)
>
> $$A^T P + PA - PBR^{-1}B^T P + Q = 0 \tag{5.18}$$

Die Gleichung (5.13) entspricht einer Zustandsregelung $u = Fx$ mit

$$F = -R^{-1}B^TP \ . \tag{5.19}$$

Die Gleichung (5.18) hat als quadratische Gleichung in P zwei Lösungen. Es stellt sich heraus, daß die positiv definite Lösung P_+ auf einen stabilen geschlossenen Kreis führt, während mit der negativen Lösung P_- alle Pole in der rechten Halbebene liegen.

Die Matrix P ist stets symmetrisch. Setzt man $P = W^T$ in die Riccati-Gleichung (5.18) ein, so folgt

$$A^TW^T + W^TA - W^TBR^{-1}B^TW^T + Q = 0 \ .$$

Transponiert man die obige Gleichung und berücksichtigt die Symmetrie von Q und R, so entsteht wieder eine Gleichung der Form (5.18)

$$WA + A^TW - WBR^{-1}B^TW + Q = 0 \ ,$$

aus der $P = W$ folgt. Da aber $P = W^T$ vorausgesetzt wurde, muß also $P = P^T$ (Symmetrie) gelten.

Das Verfahren wird aufgrund der als linear angenommenen Strecke und der quadratischen Kostenfunktion (5.1) auch als **LQR** (Linear Quadratic Regulator) bezeichnet. Da die Lösung des Optimierungsproblems die Lösung der algebraischen Riccati-Gleichung (5.18) erfordert, spricht man auch von einem Riccati-Regler.

Fast alle regelungstechnischen Programmbibliotheken enthalten Verfahren zur Lösung von algebraischen Riccati-Gleichungen (z.B. [41]).

Die in diesem Kapitel verwendeten Gleichungen gelten ohne Einschränkungen für Mehrgrößensysteme. Der Rechenaufwand steigt für Mehrgrößenstrecken nicht an.

5.2 Zusammenfassung der Lösung

Die Lösung des Optimierungsproblems

$$J = \int_0^\infty (x^TQx + u^TRu)dt \overset{!}{=} \min \tag{5.20}$$

besteht in der Zustandsrückführung

$$F = -R^{-1}B^TP \tag{5.21}$$

mit der (positiv definiten) Lösung P der algebraischen (Matrix-)Riccati-Gleichung

$$A^TP + PA - PBR^{-1}B^TP + Q = 0\ . \tag{5.22}$$

Alle Eigenwerte von $A + BF$ sind in diesem Fall in der linken Halbebene.

Voraussetzungen:

Q	positiv semidefinit, symmetrisch
R	positiv definit, symmetrisch
(A, B) steuerbar	(hinreichend, nicht notwendig)
H_A (5.9)	darf keine imaginären Eigenwerte haben (Wonham, 1979, [64])

5.3 Beispiel für eine optimale Zustandsregelung

Für die Strecke mit der Übertragungsfunktion (Schreibweise siehe Anhang B)

$$G(s) = \frac{1}{s+a} = [A, B, C, D] = [-a, 1, 1, 0]$$

soll der optimale Zustandsregler als Funktion der Parameter Q und R bestimmt werden. Die Schreibweise $[A, B, C, D]$ ist eine Abkürzung für die Übertragungsfunktion $C(sI - A)^{-1}B + D$. Die Riccati-Gleichung (5.22) lautet mit diesen Daten

$$A^TP + PA - PBR^{-1}B^TP + Q = -2aP - R^{-1}P^2 + Q = 0\ .$$

Die positive Lösung dieser skalaren Gleichung ($G(s)$ ist 1. Ordnung) ist

$$P_+ = R\left(-a + \sqrt{a^2 + \frac{Q}{R}}\right)\ .$$

Nach (5.21) erhält man schließlich für die Zustandsrückführung

$$F = -R^{-1}B^TP = a - \sqrt{a^2 + \frac{Q}{R}}\ .$$

Das Blockschaltbild der Regelung ist in Bild 5.3 dargestellt.

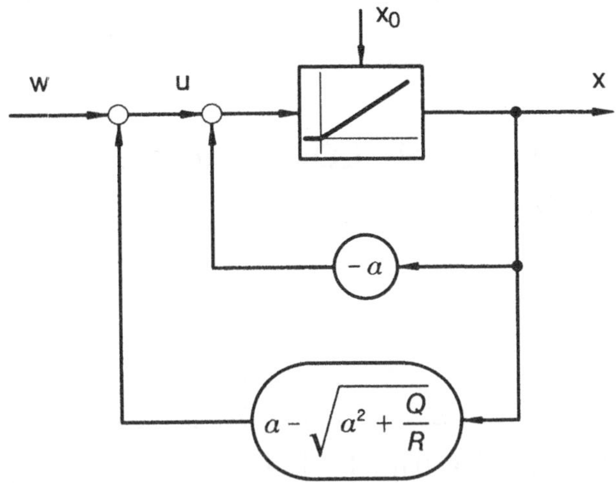

Bild 5.3: Optimale Zustandsregelung der Strecke 1. Ordnung

Anhand der Übertragungsfunktion des geschlossenen Kreises

$$\frac{x(s)}{w(s)} = \frac{1}{s + \sqrt{a^2 + \frac{Q}{R}}}$$

erkennt man, daß der geschlossene Kreis stabil ist für alle

$$a \in \mathbf{R}, \quad Q \in \mathbf{R}^+, \quad R \in \mathbf{R}^+ \backslash \{0\} \; .$$

Selbst wenn $Q = 0$ gewählt wird, liegt auch bei instabilen Strecken der Pol bei $-\alpha$.

5.4 Bewertung der Ausgangsgröße *y* anstelle der Zustandsgröße *x*

In den Fällen, in denen nur der Verlauf der Ausgangsgröße und nicht der der einzelnen Zustandsgrößen interessiert, bietet sich das folgende Funktional an:

$$J = \frac{1}{2}\int_0^\infty \{y^T\tilde{Q}y + u^TRu\}dt = \frac{1}{2}\int_0^\infty \{x^TC^T\tilde{Q}Cx + u^TRu\}dt \qquad (5.23)$$

Dieses Problem läßt sich aber auf den Fall (5.20) zurückführen, wenn man Q gegen $C^T\tilde{Q}C$ austauscht. Die Dimension von $\tilde{Q}$ ist mit $m \times m$ i.a. kleiner als die von Q mit $n \times n$.

5.5 Übungsbeispiel: LQR (Linear Quadratic Regulator)

Doppelter Integrator

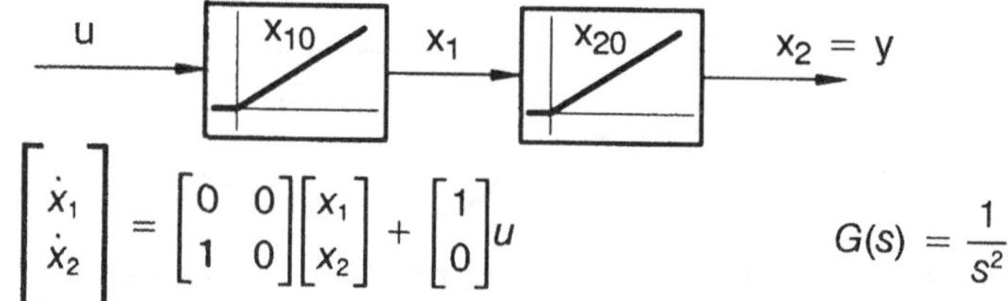

$$\begin{bmatrix} \dot{x}_1 \\ \dot{x}_2 \end{bmatrix} = \begin{bmatrix} 0 & 0 \\ 1 & 0 \end{bmatrix} \begin{bmatrix} x_1 \\ x_2 \end{bmatrix} + \begin{bmatrix} 1 \\ 0 \end{bmatrix} u \qquad G(s) = \frac{1}{s^2}$$

a) Bestimmen Sie die Lösung, die das Funktional

$$J = \int_0^\infty \left(x^T Q x + u^T R u\right) dt$$

mit

$$Q = \begin{bmatrix} q_1 & 0 \\ 0 & q_2 \end{bmatrix}, \quad R = 1, \quad x_1(0) = x_{10}, \quad x_2(0) = x_{20}$$

minimiert?

b) Wie lautet in diesem Fall die charakteristische Gleichung des Gesamtsystems?

c) Ergeben sich sinnvolle Lösungen für $q_1 = 0$?
Welche Dämpfung hat dann das System?

5.5.1 Lösung

a) Da jede Lösung P der algebraischen Riccati-Gleichung symmetrisch ist, besitzt die 2x2-Matrix P nur 3 unbekannte Koeffizienten. Wir können eine Lösung der Form

$$P := \begin{bmatrix} p_1 & p_3 \\ p_3 & p_2 \end{bmatrix}$$

ansetzten (die Elemente p_{12} und p_{21} sind identisch). Die Riccati-Gleichung lautet damit:

$$\begin{bmatrix} 0 & 1 \\ 0 & 0 \end{bmatrix}\begin{bmatrix} p_1 & p_3 \\ p_3 & p_2 \end{bmatrix} + \begin{bmatrix} p_1 & p_3 \\ p_3 & p_2 \end{bmatrix}\begin{bmatrix} 0 & 0 \\ 1 & 0 \end{bmatrix} - \begin{bmatrix} p_1 & p_3 \\ p_3 & p_2 \end{bmatrix}\underbrace{\begin{bmatrix} 1 & 0 \\ 0 & 0 \end{bmatrix}}_{\mathbf{BR^{-1}B^T}}\begin{bmatrix} p_1 & p_3 \\ p_3 & p_2 \end{bmatrix} + \begin{bmatrix} q_1 & 0 \\ 0 & q_2 \end{bmatrix} = 0$$

$$\begin{bmatrix} p_3 & p_2 \\ 0 & 0 \end{bmatrix} + \begin{bmatrix} p_3 & 0 \\ p_2 & 0 \end{bmatrix} - \begin{bmatrix} p_1 & p_3 \\ p_3 & p_2 \end{bmatrix}\begin{bmatrix} p_1 & p_3 \\ 0 & 0 \end{bmatrix} + \begin{bmatrix} q_1 & 0 \\ 0 & q_2 \end{bmatrix} = 0$$

$$\begin{bmatrix} p_3 & p_2 \\ 0 & 0 \end{bmatrix} + \begin{bmatrix} p_3 & 0 \\ p_2 & 0 \end{bmatrix} - \begin{bmatrix} p_1^2 & p_1p_3 \\ p_1p_3 & p_3^2 \end{bmatrix} + \begin{bmatrix} q_1 & 0 \\ 0 & q_2 \end{bmatrix} = 0$$

Die Matrizengleichung liefert aufgrund der Symmetrie der Lösung 3 quadratische Gleichungen für die 3 Unbekannten:

$$-p_1^2 + 2p_3 + q_1 = 0 \ , \tag{5.24}$$

$$-p_3^2 + q_2 = 0 \ , \tag{5.25}$$

$$-p_1p_3 + p_2 = 0 \ . \tag{5.26}$$

Bei der Lösung muß darauf geachtet werden, daß die Vorzeichen der Elemente p_i unbekannt sind. Die Vorzeichen lassen sich jedoch aus der Bedingung $P > 0$ (P positiv definit) eindeutig bestimmen. Diese Lösung lautet:

$$P = \begin{bmatrix} \sqrt{2\sqrt{q_2} + q_1} & \sqrt{q_2} \\ \sqrt{q_2} & \sqrt{2\sqrt{q_2} + q_1}\ \sqrt{q_2} \end{bmatrix}$$

Die Zustandsrückführung folgt aus P gemäß

$$F = -R^{-1}B^TP = -\begin{bmatrix} 1 & 0 \end{bmatrix} P = \begin{bmatrix} -\sqrt{2\sqrt{q_2} + q_1} & -\sqrt{q_2} \end{bmatrix}$$

b) Strecke und Zustandsrückführung lassen sich in folgendes Blockschaltbild zeichnen

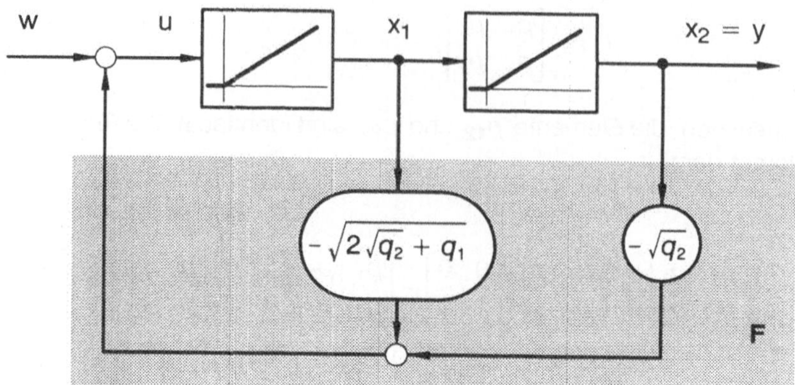

Bild 5.4: Blockschaltbild der geregelten Strecke

Die Struktur von Bild 5.4 entspricht der Regelungsnormalform, so daß die Elemente der Rückführung bis auf das Vorzeichen identisch mit den Koeffizienten der charakteristischen Gleichung sind

$$P(s) = s^2 + \sqrt{2\sqrt{q_2} + q_1}\, s + \sqrt{q_2} \ .$$

c) Vergleicht man $P(s)$ mit der Normalform

$$P(s) = s^2 + 2D\omega_0 s + \omega_0^2 \ .$$

und setzt $q_1 = 0$, so erhält man

$$D = \frac{1}{\sqrt{2}}$$

unabhängig von dem Koeffizienten q_2.

Die folgende Simulation zeigt Einschwingvorgänge mit $y_0 = 1.0$ und q_2 als Parameter.

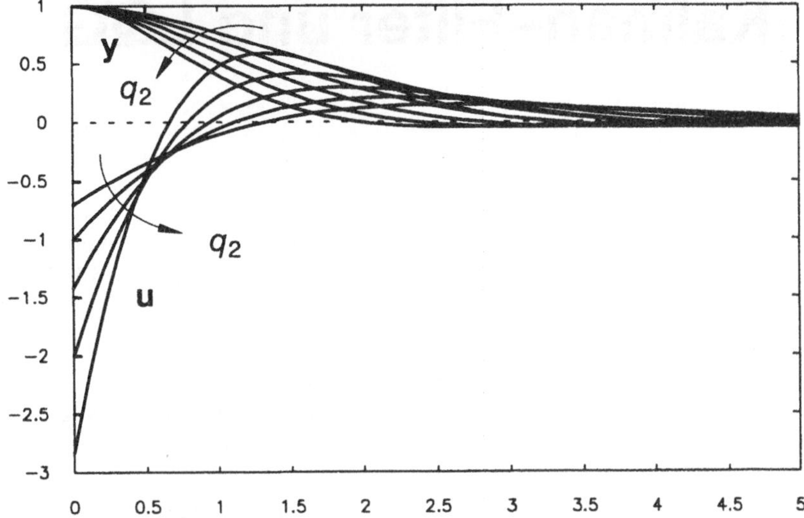

Bild 5.5: Verlauf der Regel- und Stellgrößen mit q_2 als Parameter

6 Kalman-Filter und LQG

Bei gestörten Meßwerten (Sensor-Rauschen) und bei Anwesenheit von Prozeßstörungen liefert das sogenannte Kalman-Filter optimale Schätzwerte für Zustands- bzw. Ausgangsgrößen. Kalman-Filter können sowohl zur Schätzung nicht meßbarer Zustandsgrößen als auch zur Filterung stark gestörter Meßwerte eingesetzt werden (daher der Name Kalman-*Filter*). Man kann das Kalman-Filter auch als Beobachter auffassen. Bild 6.1 zeigt die interessierenden Größen zum Entwurf des Kalman-Filters.

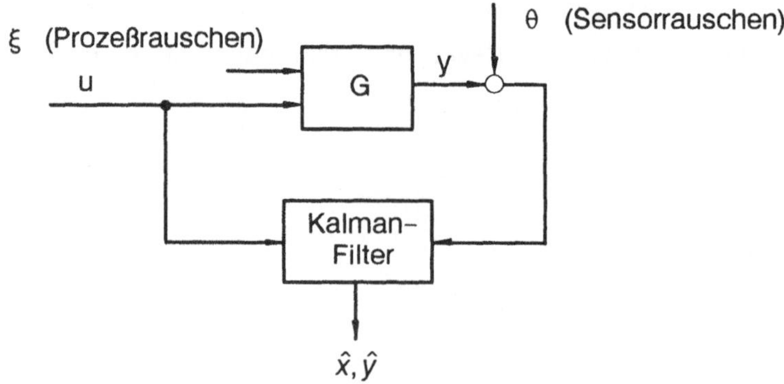

Bild 6.1: Problemstellung

Die am Prozeß und am Sensor angreifenden Störsignale sind keine deterministischen Signale, deren Verlauf im einzelnen bekannt ist. Die Signale θ und ξ werden als stochastische Variablen aufgefaßt, die durch Erwartungswert, Varianz und Kovarianz charakterisiert werden. Auf diese Weise erhält man ein Differentialgleichungssystem aus deterministischen und stochastischen Variablen.

$$\dot{x} = Ax + Bu + \xi \tag{6.1}$$

$$y = Cx + Du + \theta \tag{6.2}$$

Aufgrund von (6.1) und (6.2) ergibt sich das folgende Blockschaltbild 6.2 für den gestörten Prozeß

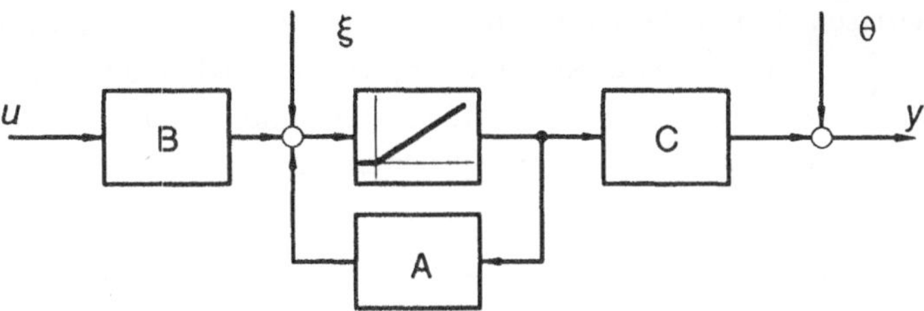

Bild 6.2: Angriffspunkte der Störungen ξ und θ

Besonders einfache Zusammenhänge ergeben sich, wenn für θ und ξ sogenanntes "weißes Rauschen" angenommen wird. Diese synthetischen Signale haben folgende Eigenschaften:

1. Die Mittelwerte oder Erwartungswerte sind Null (f_ξ ist die Wahrscheinlichkeitsdichtefunktion).

$$E\{\xi\} = \bar{\xi} = \int_{-\infty}^{\infty} x f_\xi(x) dx = 0$$

$$E\{\theta\} = \bar{\theta} = 0$$

2. Die Varianzen sind unendlich.

$$\text{var}\{\xi\} = E\{(\xi - \bar{\xi})^2\} = \infty$$

$$\text{var}\{\theta\} = E\{(\theta - \bar{\theta})^2\} = \infty$$

3. Die Kovarianz des Signals mit sich selbst ergibt nur für $t = \tau$ einen von Null verschiedenen Wert, der als gewichtete Delta-Funktion beschrieben werden kann. Für alle anderen Zeitpunkte ist das Signal statistisch unabhängig.

$$\text{cov}\{\xi(t), \xi(\tau)\} := E\{\xi(t)\xi^T(\tau)\} := \Xi\delta(t - \tau)$$

$$\text{cov}\{\theta(t), \theta(\tau)\} := E\{\theta(t)\theta^T(\tau)\} := \Theta\delta(t - \tau)$$

Die Eigenschaft 3 ist entscheidend für eine einfache analytische Lösung für das optimale Filter. Die Signale θ und ξ sind für zwei beliebige Zeitpunkte $t_1 \neq t_2$ nicht mit sich selbst korelliert. Der Schätzalgorithmus kann also vom Wert eines stochastischen Signals zum Zeitpunkt t_1 nicht auf den Wert zum Zeitpunkt $t_1 + \epsilon$ schließen. Zur Schätzung kann nur der deterministische Anteil in den Gleichungen (6.1) und (6.2) verwendet werden.

Die Kovarianzmatrizen Ξ bzw. Θ beschreiben die Intensität der stationären, weißen Rauschprozesse θ und ξ. Die Kovarianzmatrizen werden deshalb auch als Intensitätsmatrizen bezeichnet. Die Elemente von Ξ und Θ sind die spektralen Leistungsdichten von θ und ξ, d.h. sie entsprechen einer konstanten Leistung für alle Frequenzen.

Mit Kenntnis oder Annahmen von Ξ und Θ ist das Kalman-Filter bereits vollständig spezifiziert. Ist die Strecke $G(s)$ beobachtbar und ist $\Theta = 0$, so können die Zustandsgrößen auch bei Anwesenheit des Prozeßrauschens ξ beliebig schnell geschätzt werden. Dies ist auch mit einem Luenberger-Beobachter möglich, dessen Pole sehr weit in die linke Halbebene gelegt werden. Sind jedoch die Meßwerte gestört (θ), so muß die "Geschwindigkeit" des Kalman-Filters herabgesetzt werden, damit sich das Sensorrauschen nicht zu stark auf die geschätzten Größen auswirkt.

Zur Vereinfachung der Rechnung wird die statistische Unabhängigkeit von θ und ξ angenommen:

$$cov[\xi, \theta] = 0 \ .$$

6.1 Berechnung des Kalman-Filters

Wie auch beim Luenberger-Beobachter definieren wir einen Schätzfehler

$$\tilde{x} = x - \hat{x} \ .$$

Mit den im vorangegangenen Abschnitt gemachten Annahmen über die stochastischen Variablen θ und ξ bewirkt das Kalman-Filter, daß der Schätzfehler ebenfalls ein "weißer Rauschprozeß" mit dem Mittelwert

$$E[\tilde{x}] = 0$$

wird. Auf die Herleitung der Beziehungen zur Berechnung des optimalen Filters soll hier verzichtet werden. Obwohl dem Filterproblem ein statistischer Ansatz zugrunde liegt, ist die Lösung vom gleichen Typ wie bei der optimalen Zustandsregelung (s. Kap. 5). Es ist nicht verwunderlich, daß mit einer Beobachterstruktur gemäß (6.3) das Filterproblem gelöst wird.

$$\begin{aligned}\dot{\hat{x}} &= A\hat{x} + Bu + H(\hat{y} - y) = A\hat{x} + Bu + H(C\hat{x} - y) \\ &= (A + HC)\hat{x} + Bu - Hy \qquad (6.3)\end{aligned}$$

Die (Filter-)Matrix H wird jedoch nicht wie beim Luenberger-Beobachter über Polvorgabe sondern in Abhängigkeit von den Kovarianzmatrizen Ξ bzw. Θ bestimmt. Die optimale Filterverstärkung berechnet sich zu

$$H = -\Sigma C^T \Theta^{-1} . \tag{6.4}$$

Σ ist dabei die positive (positiv definite) Lösung der quadratischen Matrizengleichung:

$$A\Sigma + \Sigma A^T - \Sigma C^T \Theta^{-1} C \Sigma + \Xi = 0 \tag{6.5}$$

Algebraische Filter Riccati-Gleichung
FARE = Filter Algebraic Riccati Equation

Die Matrix Σ ist gleichzeitig die Kovarianzmatrix des Schätzfehlers $\hat{x}$:

$$\Sigma = cov\{\tilde{x}, \tilde{x}^T\} .$$

Die Lösung der optimalen Filteraufgabe ist vollständig dual zur optimalen Zustandsdarstellung. Man erkennt die Äquivalenz der Gleichungen (6.4), (6.5) zu (5.18), (5.19) aus Kap. 5, wenn folgende Matrizen gegeneinander ausgetauscht werden:

$$A \Leftrightarrow A^T$$
$$C \Leftrightarrow B^T$$
$$H \Leftrightarrow F^T$$
$$\Sigma \Leftrightarrow P$$
$$\Xi \Leftrightarrow Q$$
$$\Theta \Leftrightarrow R$$

Die Voraussetzungen (analog zur algebraischen Regler Riccati-Gleichung) für die Existenz einer optimalen Lösung lauten:

Ξ	positiv semidefinit, symmetrisch
Θ	positiv definit, symmetrisch
(C, A) beobachtbar	(hinreichend, nicht notwendig)
$H_A = \begin{bmatrix} A^T & C^T\Theta^{-1}C \\ \Xi & -A \end{bmatrix}$	darf keine imaginären Eigenwerte haben (Wonham, 1979, [64])

Das Kalman-Filter ist auch unter der Bezeichnung **LQE** (Linear Quadratic Estimator) bekannt.

LQR und **LQE** sind zueinander dual.

6.2 LQG (Linear Quadratic Gaussian)

Für die optimale Zustandsregelung wie auch für die Polvorgabe müssen alle Zustandsgrößen gemessen werden. In vielen Fällen ist dies jedoch nicht möglich oder der Aufwand hierfür zu hoch. Die Zustandsgrößen lassen sich dann, falls die Strecke beobachtbar ist, mit Hilfe eines Beobachters oder Kalman-Filters schätzen. In Kap. 4.2 wurde die Zustandsregelung über Polvorgabe in Verbindung mit einem Luenberger-Beobachter betrachtet. Aus dem Separationstheorem (Gl. (4.11) in Kap. 4.2) folgt, daß Zustandsrückführung und Beobachter unabhängig voneinander entworfen werden können, da sich die Beobachterpole und die Pole der Zustandsregelung nicht gegenseitig beeinflussen. Diese Eigenschaft rechtfertigt die Verbindung von Zustandsregelung und Luenberger-Beobachter.

Da sich die Struktur von optimaler Zustandsregelung und Kalman-Filter nicht von der der Polvorgabe bzw. des Luenberger-Beobachters unterscheidet, gilt das Separationstheorem auch für die Verbindung von optimaler Zustandsregelung und Kalman-Filter. Im Prinzip lassen sich beide Zustandsregelungen und Beobachtertypen beliebig miteinander kombinieren. Man findet aber hauptsächlich die Verbindungen Polvorgabe - Luenberger-Beobachter und optimale Zustandsregelung - Kalman-Filter, da die Entwurfsverfahren jeweils gleich sind.

Die optimale Zustandsregelung unter Verwendung der geschätzten Zustandsgrößen eines Kalman-Filters bezeichnet man als LQG:

L Linear (lineare Strecke)

Q Quadratic (quadratisches Funktional für die Zustandsregelung)

G Gaussian (Annahme gaußverteilten, weißen Rauschens für die Störgrößen)

	Polvorgabe	optimal
FSF (Full State Feedback)	Zustandsregelung	Riccati-Regler
Beobachter	Luenberger-Beobachter	Kalman-Filter
		LQG

Bild 6.3: LQG-Verfahren

6.2.1 Berechnung des Reglers nach dem LQG-Verfahren

Man geht bei LQG von einer gemischt deterministisch/stochastischen Beschreibung der Strecke und der angreifenden Signale aus:

$$\dot{x} = Ax + Bu + \xi, \qquad y = Cx + \theta \tag{6.6}$$

Für das System gemäß (6.6) wird der Stellgrößenverlauf $u(t)$ gesucht, der auf das (globale) Minimum des Funktionals

$$J = \int_0^\infty \left(x^T Q x + u^T R u\right) dt \tag{6.7}$$

führt. Als Entwurfsparameter müssen folgende Größen bekannt sein:

- Ξ Kovarianzmatrix der Eingangsstörung ξ
- Θ Kovarianzmatrix der Sensorstörung θ
- Q Gewichtsmatrix für die Zustandsgrößen x
- R Gewichtsmatrix für die Stellgröße u

Das Separationstheorem erlaubt die Zerlegung des Problems in einen deterministischen Teil (optimale Zustandsregelung) und einen stochastischen Teil (optimale Filterung mit Kalman-Filter).

Die Lösung des deterministischen Problems liefert die optimale Zustandsrückführung F. Die Tatsache, daß anstelle der Zustandsgrößen der Strecke die Schätzwerte $\hat{x}$ verwendet werden, kann wie das Vorhandensein von ξ und θ unberücksichtigt bleiben.

Der Entwurf des Kalman-Filters führt auf die optimale Filterverstärkung H. Die Tatsache, daß u wegen $u = F\hat{x}$ nun nicht mehr deterministisch ist ($\hat{x}$ enthält einen stochastischen Anteil), kann unberücksichtigt bleiben.

Der Entwurf kann nun in folgenden Schritten durchgeführt werden:

1. a) Bestimmung der Wichtungsmatrizen Q und R.

   b) Lösung der *CARE*

   $$A^TP + PA - PBR^{-1}B^TP + Q = 0 \tag{6.8}$$

   c) Berechnung der optimalen Zustandsrückführung für das deterministische Problem

   $$F = -R^{-1}B^TP \tag{6.9}$$

2. a) Bestimmung der Kovarianzmatrizen Ξ und Θ (ev. durch Messung der Intensität der Störsignale)

   b) Lösung der *FARE*

   $$A\Sigma + \Sigma A^T - \Sigma C^T\Theta^{-1}C\Sigma + \Xi = 0 \tag{6.10}$$

   c) Berechnung der optimalen Filterverstärkung für das stochastische Problem

   $$H = -\Sigma C^T\Theta^{-1} \tag{6.11}$$

Die Übertragungsfunktion des Reglers lautet wie im Fall der Zustandsregelung mit einem Luenberger-Beobachter

$$\begin{aligned} K(s) &= [A + BF + HC, H, F, 0] \\ &= F(sI - A - BF - HC)^{-1}H. \end{aligned}$$

Die entstehenden Regler sind sehr einfach und können beispielsweise mit einer Analogrechenschaltung verwirklicht werden. Die Ordnung des Reglers ist mit der Streckenordnung identisch. Das Blockschaltbild der Regelung nach dem LQG-Verfahren entspricht dem Bild 4.3 aus Kap. 4.2.

6.3 CAD-Übung: Kalman-Filter (MATLAB-Software erforderlich)

Flugzeuglängsbewegung

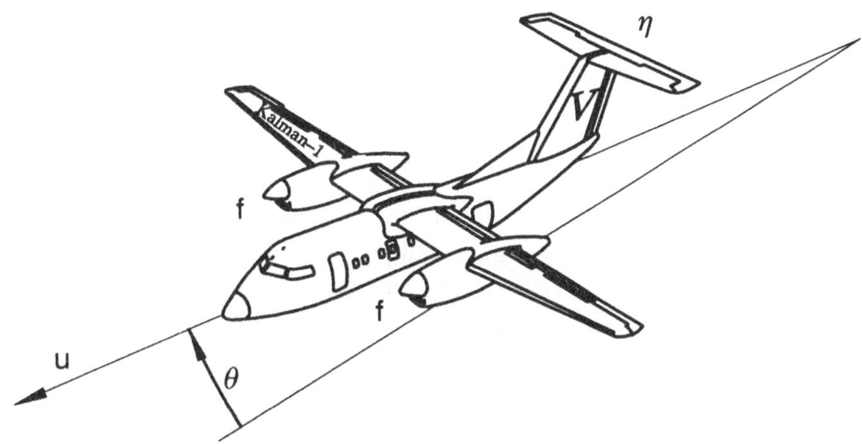

Die Längsbewegung einer Boeing 707-321 bei v = 80 m/s kann mit einem Zustandsmodell 4. Ordnung beschrieben werden. Eingangsgrößen sind der Schub f sowie der Höhenruderwinkel η. Die Ausgangsgrößen sind die Vortriebsgeschwindigkeit u und der Nickwinkel θ.

a) Erzeugen Sie mit dem Befehl *UE_2** eine Zustandsdarstellung des Flugzeugs. Gleichzeitig werden deterministische Signalverläufe (für u_1 und u_2) sowie stochastische Signale (Rauschprozesse pn_1-pn_4, sn_1-sn_2) zur Verfügung gestellt. Die Signale pn_1-pn_4 sind als Prozeßrauschen aufzufassen, die auf die Ableitungen der entsprechenden Zustandsgrößen wirken. Die Größen sn_1 und sn_2 sind Sensorstörungen, die die Messung verfälschen. Alle stochastischen Grössen wurden einem Zufallsgenerator mit Gaußverteilung entnommen und können als weißes Rauschen aufgefaßt werden.

b) Wie lauten die Kovarianzmatrizen Ξ und Θ? (MATLAB *COV*)

c) Berechnen Sie das optimale Filter zur Schätzung von $\hat{y}$. (Kalmanfilter) (MATLAB *KALMAN**; Berechnung eines Gesamtsystems aus Strecke und Kalman-Filter)

d) Simulieren Sie das Gesamtsystem mit *LSIM*. Welchen Einfluß haben unterschiedliche Anfangsbedingungen x_0 auf die Zustandsgrößen?

6.3.1 MATLAB M-Files

UE_2.M:

```
%ue_2      CAD-Uebung 2
%          UE_2 erzeugt eine Zustandsdarstellung einer
%          Boeing 707-321 bei v=80m/s und Stoersignale,
%          die als stationares weisses
%          Rauschen angenommen werden koennen.

%          K. P. Mueller 25-MAY-1993
%          Copyright (c) 1993, by IfR

disp('<RETURN> und das Flugzeug kommt')
pause
[A,B,C,D]=b1l

disp('Die Rauschsignale heissen pn1-4 (Prozessrauschen)')
disp('                       und sn1-2 (Sensorrauschen)')
randn('seed',0);
t=0:0.1:50;  t=t';
u1=sin(t);  u2=cos(t);
pn1=sqrt(0.5)* randn(size(t)); pn2=sqrt(1)* randn(size(t));
pn3=sqrt(1)* randn(size(t));   pn4=sqrt(0.5)* randn(size(t));
sn1=sqrt(3)* randn(size(t));   sn2=sqrt(2)* randn(size(t));
disp('Danke, das wars.')
```

B1L.M:

```
function [a,b,c,d]=b1l
%b1l      Creates linearized state space model of a Boeing
%         707-321 aircraft at v=80m/s.
%         (M = 0.26, Ga0 = -3 deg, alpha0 = 4 deg,
%         kappa = 50 deg)
%
%         FORMAT:              [a,b,c,d]=b1l
%
%         Matrix D may be omitted.
%         System inputs are  (1) thrust and (2) elevator angle
%         System outputs are (1) airspeed and (2) pitch angle
```

```
%
%        RELATED OPERATIONS:          PT2
%        K P Mueller 09-JUL-1991
%        Copyright (c) 1991, by IfR
error(nargchk(0,0,nargin));
error(nargchk(3,4,nargout));
a = [ -0.46E-01            0.106814153  0.0     -0.171216804
      -0.16759015046616 -0.515          1.0      0.642063032E-02
       0.15431042153477 -0.547945      -0.906   -0.152168938E-02
       0.0               0.0            1.0      0.0 ];
b = [ 0.1602300107479095    0.2111848453E-02
      0.8196877780963E-02  -0.3025E-01
      0.9173594317692E-01  -0.75283075
      0.0                   0.0 ];
c = [ 1.0                   0.0              0.0      0.0
      0.0                   0.0              0.0      1.0 ];
if nargout == 4,
d = zeros(2);
end
```

KALMAN.M:

```
function [ak,bk,ck,dk] = kalman(a,b,c,d,xi,th)
%KALMAN Calculates the optimal Filter for white noise
disturbances.
%        [Ak,Bk,Ck,Dk]=KALMAN(A,B,C,D,XI,TH).
%        Ak, Bk, Ck und Dk ist die Zustandsbeschreibung von
%        Strecke und Kalman-Filter mit den Eingangsgroessen:
%                u
%                xi
%                theta
%        und den Ausgangsgroessen:
%                y  (unter Beruecksichtigung von
%                    Prozessrauschen xi)
%                y+sn (sensor noise)
%                y^
%        26-MAY-1993  Kai P. Muller
%        Copyright (c) 1993 by IfR
error(nargchk(6,6,nargin));
error(nargchk(4,4,nargout));
error(abcdchk(a,b,c,d));
```

```
l=lqe(a,eye(4),c,xi,th);
ak=[a zeros(size(a)); l*c a-l*c];
bk=[b eye(4) zeros(size(l)); b zeros(size(a)) l];
ck=[c zeros(size(c)); c zeros(size(c)); zeros(size(c)) c];
dk=zeros(6,8); dk(3:4,7:8)=eye(2);
```

6.3.2 Ergebnisse

a) Das M-File *UE_2* erzeugt eine Zustandsdarstellung der Flugzeuglängsbewegung [A, B, C, D] einer Boeing 707-321 sowie mittelwertfreie Rauschprozesse mit verschiedenen Varianzen. Das Modell des Flugzeugs mit den Eingangsgrößen Schub und Höhenruderwinkel und den Ausgangsrößen Geschwindigkeit und Nickwinkel wurde in [6] angegeben.

Die an den Zustandsgrößen der Strecke angreifenden Rauschprozesse werden mit $pn_1, ..., pn_4$ bezeichnet. Die Rauschprozesse sn_1 und sn_2 sollen das Sensorrauschen simulieren.

b) Die Kovarianzmatrizen bestimmt man durch Berechnung der Streuung aller angreifenden Rauschprozesse sowie der Korrelation der Rauschsignale untereinander. Diese Funktion übernimmt der MATLAB-Befehl *COV*.

```
>> XI=cov([ pn1 pn2 pn3 pn4 ])
 XI =

     0.5078    0.0154   -0.0161    0.0108
     0.0154    1.1075    0.0238   -0.0361
    -0.0161    0.0238    1.0197    0.0148
     0.0108   -0.0361    0.0148    0.5029

>> TH=cov([ sn1 sn2 ])
 TH =

     3.2813    0.0037
     0.0037    1.8971
```

Die Rauschsignale wurden mit einem (Pseudo-)Zufallszahlengenerator erzeugt. Man erkennt an den Elementen jenseits der Hauptdiagonale von Ξ und Θ, daß die Signale nicht vollständig unkorreliert sind. Die Unkorreliertheit der einzelnen Rauschsignale ξ bzw. θ ist keine notwendige Bedingung für die Berechnung des Kalman-Filters.

c) Mit den Kovarianzmatrizen und der Zustandsdarstellung der Strecke kann das Kalman-Filter bestimmt werden. Das M-File *KALMAN* verwendet das MATLAB-Kommando *LQE*.

```
>> [Ak,Bk,Ck,Dk]=kalman(A,B,C,D,XI,TH);
```

Die Filter-Matrix lautet dann

$$H = \begin{bmatrix} -0.3639 & 0.0522 \\ -0.0049 & -0.1237 \\ -0.0308 & -0.1378 \\ 0.0476 & -0.7210 \end{bmatrix}.$$

d) Das Gesamtsystem bestehend aus Strecke und Kalmanfilter besitzt die Eingangsgröße

$$u = \begin{bmatrix} u_1 \\ u_2 \\ \xi \\ \theta \end{bmatrix}$$

Dabei sind die Größen ξ und θ selbst wieder Vektoren mit den Elementen

$$\xi = \begin{bmatrix} pn_1 \\ pn_2 \\ pn_3 \\ pn_4 \end{bmatrix}, \qquad \theta = \begin{bmatrix} sn_1 \\ sn_2 \end{bmatrix}.$$

Ausgangsgrößen sind

$$\begin{bmatrix} y \\ y + \xi \\ \hat{y} \end{bmatrix}.$$

Die Simulation von Strecke und Kalman-Filter erfolgt mit *LSIM*:

```
>> lsim(Ak,Bk,Ck,Dk,[u1 u2 pn1 pn2 pn3 pn4 sn1 sn2],t)
```

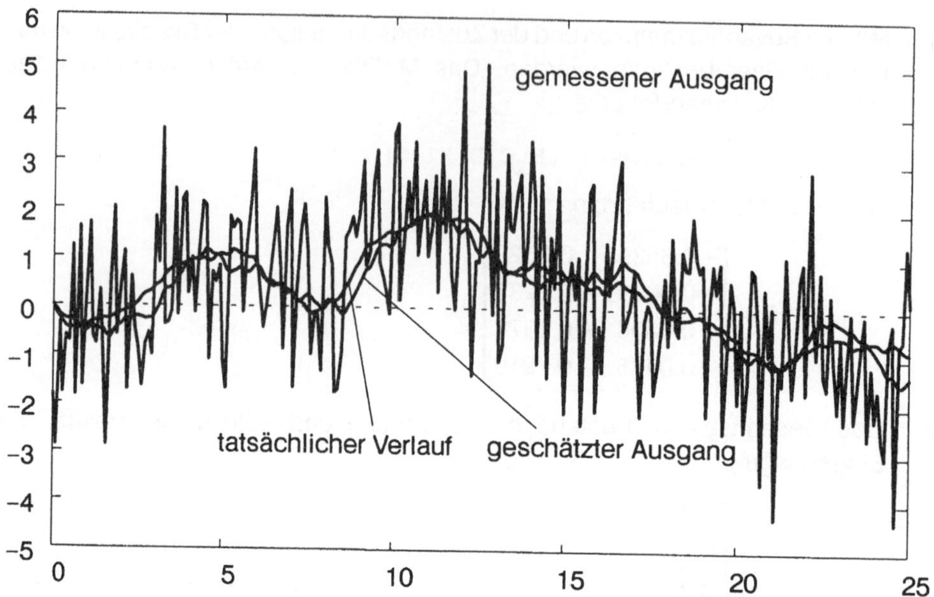

Bild 6.4: Rekonstruktion verrauschter Signale mit einem Kalman-Filter

Die Simulation in Bild 6.4 zeigt die Leistungsfähigkeit des entstandenen Kalman-Filters am Beispiel des gestörten Nickwinkelsignals.

7 Normen für Signale und Systeme

Eine Norm bewertet Elemente eines sogenannten metrischen Raumes durch eine reelle, positive Zahl, die ein Maß für die "Größe" dieses Elementes darstellt. In der Regelungstechnik werden Normen zur Beschreibung der Regelgüte verwendet. In diesem Zusammenhang spricht man auch von einem "Performance-Index". Die Normen beziehen sich bei Signalen auf vektorwertige, reelle Funktionen der Zeit t oder komplexe Funktionen in s. Bei Systemen betrachtet man matrixwertige komplexe Funktionen in s. Die betreffenden metrischen Räume sind dementsprechend Funktionen-Räume.

7.1 Eigenschaften von Normen

Die hier betrachteten Normen sind Abbildungen von Funktionen im Intervall $[-\infty, \infty]$ auf eine reelle, positive Zahl. Für eine Norm im mathematischen Sinne müssen die folgenden Eigenschaften erfüllt sein:

1. $\| u \| \geq 0$
2. $\| u \| = 0 \quad \Leftrightarrow \quad u(t) = 0 \;\; \forall\, t$
3. $\| au \| = |a| \; \| u \|, \;\; \forall\, a \in \mathbf{R}$
4. $\| u + v \| \leq \| u \| + \| v \|,$ (Dreiecksungleichung)

7.2 Normen für Signale

Ein beliebiger Signalverlauf kann durch die sogenannte P–Norm charakterisiert werden. Die Gültigkeit der oben angegebenen Eigenschaften folgt unmittelbar aus der Definition für die P–Norm:

$$\| u \|_p := \left(\int_{-\infty}^{\infty} |u(t)|^p dt \right)^{1/p} \tag{7.1}$$

Von Interesse für die Regelungstechnik sind aber nur diejenigen Normen, mit denen auch eine physikalische Bedeutung verknüpft ist oder für die leistungsfähige mathematische Werkzeuge zur Verfügung stehen. Diese Normen sind die Integrale

$$\| u \|_1 := \int_{-\infty}^{\infty} | u(t) | dt \qquad \text{(1 - Norm)} \tag{7.2}$$

sowie

$$\| u \|_2 := \sqrt{\int_{-\infty}^{\infty} u(t)^2 dt} \qquad \text{(2 - Norm)} \ . \tag{7.3}$$

$$u^2 \mathrel{\hat{=}} \text{Leistung}, \qquad \| u \|_2^2 \mathrel{\hat{=}} \text{Energie}$$

Falls der Energieinhalt eines Signals (2–Norm) unendlich ist, kann die mittlere Leistung zur Charakterisierung herangezogen werden

$$\lim_{T \to \infty} \frac{1}{2T} \int_{-T}^{T} u(t)^2 dt \ . \tag{7.4}$$

Wir können analog zu (7.3) eine der 2–Norm vergleichbare Größe

$$\text{pow}(u) := \sqrt{\lim_{T \to \infty} \frac{1}{2T} \int_{-T}^{T} u^2(t) dt} \tag{7.5}$$

definieren. Die Definition pow(u) ist jedoch im mathematischen Sinne keine Norm, da auch bei von Null verschiedenen Signalen $u(t)$ die mittlere Leistung Null werden kann (Norm–Eigenschaft 2 ist nicht erfüllt).

Als Grenzübergang $\lim\limits_{p \to \infty}$ folgt für die ∞–Norm

$$\| u \|_\infty := \sup_t \ | u(t) | \ . \tag{7.6}$$

Für den Wert der ∞-Norm ist nur noch das Maximum der Funktion im Intervall $[-\infty, \infty]$ entscheidend.

Man kann leicht viele Funktionen erzeugen, die eine identische Norm aufweisen. Sofern man lediglich die Norm einer Funktion betrachtet, sind diese Funktionen einander gleichwertig. Beschreibt man also Signale durch ihre Norm, so erfaßt man stets eine ganze Klasse von Signalen und nicht nur einen bestimmten Verlauf. Aussagen über Regeleigenschaften, die mit Hilfe von Normen formuliert werden, haben somit größere Aussagekraft als beispielsweise eine Simulation mit einem ganz bestimmten Signalverlauf (z.B. Sprungantwort).

Alle Funktionen mit gleicher Norm werden als gleichwertig angesehen.

7.2.1 Endlichkeit von Normen für Signale

Normen ermöglichen eine Bewertung verschiedener Funktionen mit einer reellen, positiven Zahl. Natürlich ist es nur sinnvoll, Funktionen zu betrachten, deren Norm einen endlichen Wert annimmt. Von besonderer Bedeutung sind deshalb Aussagen über die Beschränktheit von Normen. Signale, für die eine endliche P-Norm existiert, werden als P-Norm-Signale bezeichnet.

Satz 1: Wenn $\| u \|_2 < \infty$, dann folgt $\mathrm{pow}(u) = 0$.

Beweis: Da die 2-Norm endlich ist, gilt folgende Ungleichung

$$\frac{1}{2T}\int_{-T}^{T} u(t)^2 dt \leq \frac{1}{2T} \| u \|_2^2 .$$

Wird nun gemäß der Definitionsgleichung (7.5) für $\mathrm{pow}(u)$ der Limes von $T \to \infty$ gebildet, so geht die rechte Seite gegen Null.

Satz 2: Wenn $\mathrm{pow}(u) < \infty$ und $\| u \|_\infty < \infty$, so folgt $\mathrm{pow}(u) \leq \| u \|_\infty$.

Beweis: Die ∞-Norm ist das Maximum der Funktion $u(t)$. Somit ist die Ungleichung

$$\frac{1}{2T}\int_{-T}^{T} u(t)^2 dt \leq \| u \|_\infty^2 \frac{1}{2T}\int_{-T}^{T} dt = \| u \|_\infty^2$$

stets erfüllt. Läßt man $T \rightarrow \infty$ gehen, so folgt $\text{pow}(u) \le \| u \|_\infty$.

Satz 3: Ist $\| u \|_1 < \infty$ und $\| u \|_\infty < \infty$, dann folgt $\| u \|_2 \le \sqrt{\| u \|_\infty \; \| u \|_1}$ und somit natürlich auch $\| u \|_2 < \infty$.

Beweis:

$$\| u \|_2^2 = \int_{-\infty}^{\infty} u(t)^2 dt = \int_{-\infty}^{\infty} |u(t)|\,|u(t)|\,dt$$

$$\le \| u \|_\infty \int_{-\infty}^{\infty} |u(t)|\,dt = \| u \|_\infty \; \| u \|_1 \,.$$

Die Aussagen über die Endlichkeit der beschriebenen Normen können in Bild 7.1 zusammengefaßt werden.

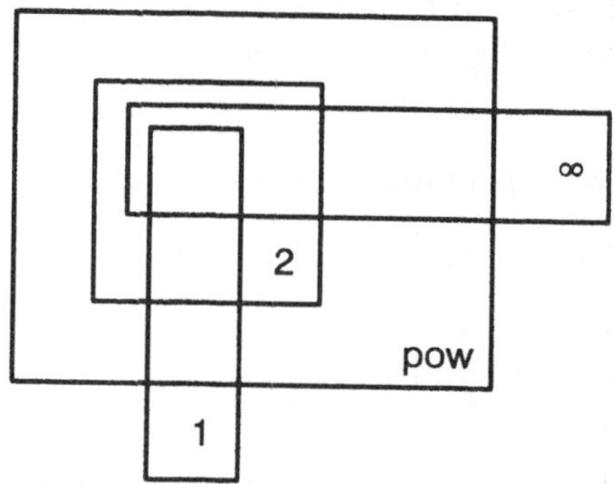

Bild 7.1: Mengenbeziehungen endlicher Normen

Tatsächlich existieren Beispiele für alle Felder des Mengen–Diagramms in Bild 7.1. Die Funktion

$$u(t) = \begin{Bmatrix} 0 & & t \le 0 \\ 1/\sqrt{t} & \text{für} & 0 < t \le 1 \\ 0 & & t > 1 \end{Bmatrix}. \tag{7.7}$$

ist ein Beispiel für ein Signal, für das nur die 1–Norm endlich ist (unterstes Feld).

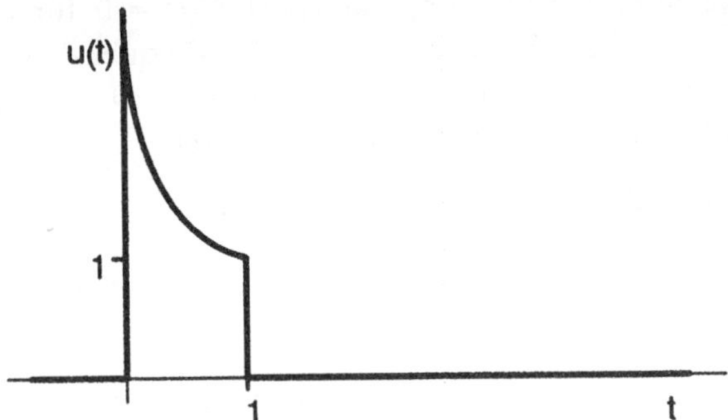

Bild 7.2: Beispiel für ein 1-Norm beschränktes Signal

Die 1-Norm beträgt

$$\| u \|_1 = \int_0^1 \frac{1}{\sqrt{t}}\, dt = 2 \ .$$

Das Integral zur Berechnung der 2-Norm ist im Intervall [0, 1] divergent.

$$\| u \|_2 = \sqrt{\int_0^1 \frac{1}{t}\, dt} = \infty$$

Da die Funktion für $t \to +0$ gegen unendlich strebt, ist die ∞-Norm ebenfalls unendlich

$$\| u \|_\infty = \lim_{\epsilon \to 0} u(\epsilon) = \infty \, .$$

Für die Funktion (7.7) ist also nur die 1-Norm endlich.

7.3 Normen für Systeme

Für ein lineares System beschreibt das Faltungsintegral den Zusammenhang zwischen Ein- und Ausgang im Zeitbereich

$$y = G * u = \int_{-\infty}^{\infty} G(t-\tau) u(\tau) d\tau \ .$$

Für kausale Systeme ist dabei die Impulsantwort $G(t) = 0$ für $t < 0$. Das Integral reduziert sich dann auf das Intervall $[0, \infty]$. Im Frequenzbereich ergibt sich der Ausgang einer Strecke einfach durch Multiplikation der Übertragungsfunktion mit der Laplacetransformierten des Eingangssignals $u(t)$

$$y(s) = G(s)\ u(s) \ ,$$

wobei die Übertragungsfunktion $G(s)$ die Laplace-Transformierte der Impulsantwort $G(t)$ ist.

Wir benötigen nun zwei Definitionen, die für die Existenz endlicher Normen von Übertragungsfunktionen wesentlich sind.

1. $G(s)$ bezeichnet man als **begrenzt,** wenn $G(j\infty) < \infty$ gilt.
2. $G(s)$ bezeichnet man als **streng begrenzt,** wenn $G(j\infty) = 0$ gilt.

Für eine Übertragungsfunktion $G(s)$ existieren zwei Normen, die physikalische Sachverhalte beschreiben. Diese Bedeutungen sollen jedoch erst in einem späteren Abschnitt über Ein-/Ausgangsbeziehungen diskutiert werden.

1. **2-Norm**

$$\| G \|_2 := \sqrt{\frac{1}{2\pi} \int_{-\infty}^{\infty} |G(j\omega)|^2 d\omega} \tag{7.8}$$

Für stabile Übertragungsfunktionen $G(s)$ gilt das Parseval'sche Theorem, so daß (7.8) auch im Zeitbereich geschrieben werden kann.

$$\| G \|_2 = \sqrt{\frac{1}{2\pi} \int_{-\infty}^{\infty} |G(j\omega)|^2 d\omega} = \sqrt{\int_{-\infty}^{\infty} G(t)^2 \, dt} \tag{7.9}$$

2. **∞-Norm**

$$\| G \|_\infty := \sup_\omega |G(j\omega)| \tag{7.10}$$

Die ∞-Norm ist damit einfach das Maximum des Betrags im Bode-Diagramm bzw. der am weitesten vom Ursprung entfernte Punkt im Nyquist-Diagramm (Ortskurve).

Im Gegensatz zur 2-Norm muß zur Bestimmung der ∞-Norm kein Integral berechnet werden. Der Verlauf der Funktion hat bis auf das Maximum keinen Einfluß auf die Norm. Dies ist der Grund für eine äußerst interessante Eigenschaft der ∞-Norm:

> Die ∞-Norm ist submultiplikativ
>
> $$\| GH \|_\infty \leq \| G \|_\infty \; \| H \|_\infty$$

Die Submultiplikativität folgt unmittelbar aus der Definition (7.10).

7.3.1 Endlichkeit von Normen für Systeme

Die Endlichkeit der 2-Norm ist an zwei Voraussetzungen gebunden:

> Die 2-Norm ist dann und nur dann endlich, wenn G streng begrenzt ist und keine Pole auf der imaginären Achse bestehen.

Beweis: Für jede streng begrenzte Strecke ohne Pole auf der imaginären Achse existiert eine Übertragungsfunktion

$$\frac{C}{\tau s + 1}\,, \tag{7.11}$$

so daß bei hinreichend großem C und hinreichend kleinem τ

$$\left|\frac{C}{\tau j\omega + 1}\right| > |G(j\omega)|\,, \qquad \forall\omega$$

gilt. Da die 2-Norm von (7.11) als obere Schranke für $|G(j\omega)|$ endlich ist, muß dies auch für die Übertragungsfunktion $G(s)$ gelten.

Ist andererseits G nicht streng begrenzt, so wird die 2-Norm nach (7.8) aufgrund der Integrationsgrenzen unendlich. Ein Pol auf der imaginären Achse läßt den Integranden ebenfalls gegen unendlich gehen. In diesem Fall ist das Integral über das Betragsquadrat von $G(j\omega)$ auch unendlich.

Die Bedingungen für die ∞-Norm sind weniger einschränkend:

> Die ∞-Norm ist dann und nur dann endlich, wenn G begrenzt ist und keine Pole auf der imaginären Achse bestehen.

Beweis: Da die ∞-Norm identisch mit dem Maximum des Betrages der Übertragungsfunktion ist, muß lediglich geprüft werden, ob $|G(j\omega)|$ für irgendeine Frequenz unendlich werden kann. Sofern G begrenzt ist, folgt die Endlichkeit von $|G(j\omega)|$ für die Frequenz unendlich. Besitzt $G(s)$ auch keine Pole auf der imaginären Achse, so kann $|G(j\omega)|$ auch für alle anderen Frequenzen nicht unendlich werden.

7.3.2 Berechnung der 2-Norm

Die Berechnung der 2-Norm aus der Definitionsgleichung

$$\| G \|_2^2 = \frac{1}{2\pi} \int_{-\infty}^{\infty} | G(j\omega) |^2 \, d\omega$$

ist sehr aufwendig. Das Betragsquadrat kann mit $s = j\omega$ wegen $G(-s) = G^*(s)$ auch in der Form

$$\| G \|_2^2 = \frac{1}{2\pi j} \int_{-j\infty}^{j\infty} G(-s)G(s) \, ds \tag{7.12}$$

geschrieben werden. Wir wollen von einer endlichen 2-Norm von $G(s)$ ausgehen, d.h. $G(s)$ ist streng begrenzt. Da in diesem Fall $G(j\infty) = 0$ gilt, kann der Integrationsweg in (7.12) um einen Halbkreis im Unendlichen zu einem Ringintegral (Halbkreis in der linken Halbebene) erweitert werden, da das Integral auf diesem Wegstück sowoeso den Wert 0 besitzt.

$$\| G \|_2^2 = \frac{1}{2\pi j} \oint_{\text{L.H.}} G(-s)G(s) \, ds \tag{7.13}$$

Nach dem Residuensatz (z.B. [7]) ist der Wert des Ringintegrals (7.13) die Summe aller Residuen der Pole in der linken Halbebene (der eingeschlossenen Fläche).

$$\boxed{\| G \|_2 = \sqrt{\sum_{\text{Re}[\lambda_i] < 0} \text{Res}\{G(-s)G(s)\}}} \tag{7.14}$$

Die Anwendung von (7.14) soll am Beispiel der Strecke

$$G(s) = \frac{a}{s + a}, \qquad a > 0$$

verdeutlicht werden. Das Produkt

$$G(-s)G(s) = \frac{a^2}{(-s + a)(s + a)} = \frac{\frac{a}{2}}{-s + a} + \frac{\frac{a}{2}}{s + a}$$

besitzt für den Pol bei $-a$ das Residuum $R_1 = \frac{a}{2}$. Andere Pole mit negativem Realteil sind nicht vorhanden. Somit folgt für die 2–Norm

$$\| G \|_2 = \sqrt{R_1} = \sqrt{\frac{a}{2}} \ .$$

Auf das gleiche Ergebnis kommt man natürlich auch durch die Auswertung der Definitionsgleichung (7.9) für die 2–Norm, indem man die Wurzel aus dem Integral der quadrierten Impulsantwort berechnet. Mit der Impulsantwort für die PT_1–Strecke

$$G(t) = a\ e^{-at}, \qquad G(t) = 0 \ \text{ für } \ t < 0 \ .$$

lautet der Ausdruck für die 2–Norm

$$\| G \|_2^2 = \int_0^\infty G(t)^2 dt = a^2 \int_0^\infty e^{-2at} dt = -\frac{a}{2}\ e^{-2at} \Big|_0^\infty = \frac{a}{2}$$

Bei Strecken hoher Ordnung ist die Berechnung der 2–Norm über die Residuen i.a. effizienter.

7.3.3 Berechnung der ∞ – Norm

Zur Berechnung der ∞–Norm muß das Maximum der Funktion $|G(j\omega)|$ bestimmt werden. Eine analytische Berechnung umfaßt das Aufstellen der Funktion $|G(j\omega)|$, die Bestimmung aller Frequenzen ω_i, bei denen die Ableitung

$$\frac{d\,|G(j\omega)|}{d\omega}$$

verschwindet sowie das Einsetzen dieser Frequenzen in $|G(j\omega)|$ zur Bestimmung des globalen Maximums. Falls kein Maximum auftritt, muß der Randwert $\omega = 0$

verwendet werden. In praktischen Anwendungen erfolgt die Berechnung der ∞-Norm iterativ durch Auswertung einer Beziehung für die obere Schranke von $\| G \|_\infty$ [18].

Für die Strecke

$$G(s) = \frac{bs + 1}{as + 1}$$

hat $|G(j\omega)|$ den in Bild 7.3 dargestellten Verlauf.

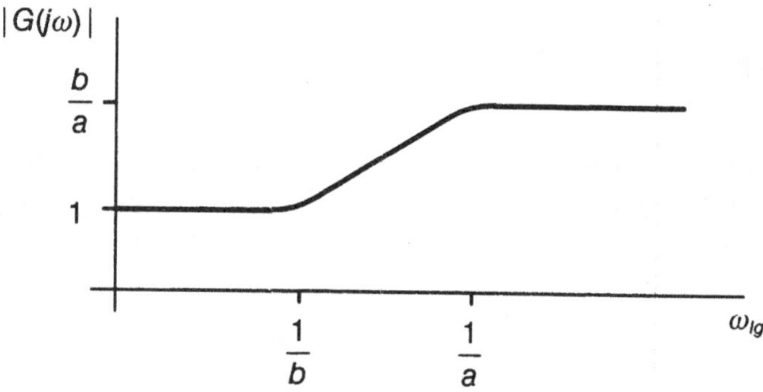

Bild 7.3: Betrag von $G(j\omega)$

Man erkennt in diesem Fall auch ohne Rechnung das Maximum der Funktion $|G(j\omega)|$ und damit

$$\| G \|_\infty = \begin{Bmatrix} b/a \text{ für } b \geq a \\ 1 \text{ für } b < a \end{Bmatrix} .$$

7.4 Eingangs-/Ausgangsbeziehungen

Wir betrachten eine lineare Strecke G mit dem Eingangssignal u und der Ausgangsgröße y (Bild 7.4).

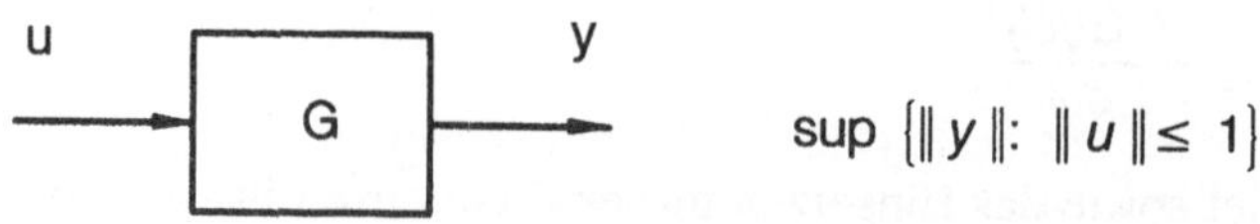

Bild 7.4: System-Verstärkungen

Mit Hilfe der Normen von Systemen lassen sich nun Aussagen über das Verhältnis der Normen von Ein- und Ausgangssignal treffen. Diese Beziehungen nennt man auch *Systemverstärkungen*.

Die Tabelle 7.1 zeigt den Zusammenhang zwischen den Normen der Ausgangssignale und den Normen der Übertragungsfunktion oder Impulsantwort bei Anregung durch zwei bestimmte Testfunktionen. G wird als streng begrenzt und stabil angenommen.

	$u = \delta(t)$	$u = \sin(\omega t)$
$\parallel y \parallel_2$	$\parallel G \parallel_2$	∞
$\parallel y \parallel_\infty$	$\parallel G(t) \parallel_\infty$	$\lvert G(j\omega)\rvert$
$\mathrm{pow}(y)$	0	$\frac{1}{\sqrt{2}}\lvert G(j\omega)\rvert$

Tabelle 7.1: Normen für Testfunktionen

Der Eintrag oben links kann z.B. wie folgt interpretiert werden: Bei Anregung mit der Impulsfunktion $\delta(t)$ beträgt die 2-Norm des Ausgangssignals $\parallel y \parallel_2$ gerade $\parallel G \parallel_2$.

Obwohl Übertragungsfunktion und Impulsantwort das Übertragungsverhalten vollständig beschreiben, sind die Normen von $G(t)$ bzw. $G(j\omega)$ i.a. nicht identisch. Eine Ausnahme bildet die 2-Norm, die im Zeit- und Frequenzbereich identisch ist. (Die 2-Norm beschreibt eine “Energie”, die sowohl im Zeit- als auch im Frequenzbereich berechnet werden kann.) Die Normen, die sich auf die Impulsantwort der Strecke beziehen, sind durch das Argument t besonders gekennzeichnet.

Die einzelnen Einträge der Tabelle 7.1 lassen sich wie folgt begründen (die Tabelle wird dabei als Matrix der Dimension 3 x 2 aufgefaßt):

Eintrag (1,1) Aufgrund von $u(t) = \delta(t)$ gilt $y(t) = G(t)$. Somit ist $\parallel y \parallel_2 = \parallel G \parallel_2$. Die 2-Norm ist unabhängig vom Zeit- oder Frequenzbereich.

Eintrag (2,1) Wie bei (1,1) gilt auch hier $y(t) = G(t)$. Die ∞-Norm muß hierbei jedoch von der Impulsantwort $G(t)$ bestimmt werden, da sich die ∞-Norm für Signale immer auf den Zeitbereich bezieht.

Eintrag (3,1) Die mittlere Leistung der Impulsantwort $G(t)$ ist bei einer stabilen und streng begrenzten Strecke immer Null, da die 2-Norm endlich ist (s. Satz 1 in Abschnitt 7.2.1).

Eintrag (1,2) Wenn die Strecke $G(s)$ keine Nullstelle für die Anregungsfrequenz ω besitzt, ist $y(t)$ ebenfalls eine unendliche Sinusschwingung. Das Integral zur Berechnung der 2-Norm (7.3) konvergiert somit nicht.

Eintrag (2,2) Die Amplitude von y bei einer Anregung von $u(t) = \sin(\omega t)$ ist $|G(j\omega)|$.

Eintrag (3,2) Die folgenden Umformungen der Bestimmungsgleichung für $\mathrm{pow}(y)^2$ führen auf das Ergebnis (3,2).

$$\begin{aligned}
\mathrm{pow}(y)^2 &= \lim_{T\to\infty} \frac{1}{2T}\int_{-T}^{T} |G(j\omega)|^2 \sin^2(\omega t + \phi)\, dt \\
&= |G(j\omega)|^2 \lim_{T\to\infty} \frac{1}{2T}\int_{-T}^{T} \sin^2(\omega t + \phi)\, dt \\
&\qquad\qquad \Big\downarrow\ \omega t + \phi = \theta \\
&= |G(j\omega)|^2 \lim_{T\to\infty} \frac{1}{2\omega T}\int_{-\omega T+\phi}^{\omega T+\phi} \sin^2(\theta)\, d\theta \\
&= |G(j\omega)|^2 \frac{1}{\pi}\int_{0}^{\pi} \sin^2(\theta)\, d\theta \\
&= \frac{1}{2}|G(j\omega)|^2
\end{aligned}$$

Wesentlich allgemeinere Aussagen sind mit Hilfe der in Tabelle 7.2 angegebenen Systemverstärkungen möglich. Für jeden Eintrag in der Tabelle gilt die Bedingung

$$\sup\{\|y\|:\ \|u\| \le 1\}\ .$$

Für das Element (1,1) der Tabelle 7.2 liest man also ab:

$$\|G\|_\infty = \sup\{\|y\|_2:\ \|u\|_2 \le 1\} = \sup_{u\neq 0}\frac{\|y\|_2}{\|u\|_2}$$

Man spricht deshalb bei $\|G\|_\infty$ auch von der 2-Norm/2-Norm Systemverstärkung.

Die ∞-Norm von G ist also der größtmögliche Faktor, mit dem die “Energie” des Eingangssignals u auf das Ausgangssignal y übertragen wird.

Eine typische Aufgabe einer Regelung ist die Unterdrückung von unbekannten Störgrößen. Eine Charakterisierung dieser Signale ist allerdings durch ihre Norm möglich (z.B. maximale Amplitude = ∞-Norm). Wenn nun G das Übertragungsverhalten von einer Störung zu einem Regelfehler beschreibt, ist die Norm dieser Übertragungsfunktion ein quantitativer Index für die erreichte Regelqualität.

	$\| u \|_2$	$\| u \|_\infty$	pow(u)
$\| y \|_2$	$\| G \|_\infty$	∞	∞
$\| y \|_\infty$	$\| G \|_2$	$\| G(t) \|_1$	∞
pow(y)	0	$\leq \| G \|_\infty$	$\| G \|_\infty$

Tabelle 7.2: Systemverstärkungen

Der Eintrag (2,1) gibt das maximale Verhältnis zwischen 2-Norm des Eingangssignals u und der maximalen Amplitude des Ausgangs y an. Beschreibt das Eingangssignal eine Störung, von der nur die maximale 2-Norm (Energie) von 0.1 bekannt ist, so folgt für den Ausgang (z.B. Regelfehler) mit

$$G(s) = \frac{0.5}{10s + 1}$$

die maximale ∞-Norm

$$\| y \|_\infty \leq \| G \|_2 \cdot \| u \|_2 = \frac{0.5}{\sqrt{20}} \cdot 0.1 = 0.0112 \ .$$

Der Regelfehler kann also den Wert 0.0112 bei beschränkter 2-Norm der Störung niemals überschreiten.

Die Einträge in der Tabelle 7.2 sollen nun im einzelnen erklärt werden. Dabei soll nur der Grundgedanke erläutert werden; es handelt sich nicht um Beweise im mathematischen Sinne. Insbesondere wird darauf verzichtet, zu zeigen, daß die obere Grenze tatsächlich auftritt.

Eintrag (1,1) Die folgende Umformung zeigt, daß die Norm $\| G \|_\infty$ tatsächlich eine obere Grenze für die 2-Norm/2-Norm Systemverstärkung ist.

$$\| y \|_2^2 = \| y(t) \|_2^2 = \| y(j\omega) \|_2^2$$

$$= \frac{1}{2\pi} \int_{-\infty}^{\infty} |G(j\omega)|^2 |u(j\omega)|^2 d\omega$$

$$\leq \| G \|_\infty^2 \frac{1}{2\pi} \int_{-\infty}^{\infty} |u(j\omega)|^2 d\omega$$

$$= \| G \|_\infty^2 \| u \|_2^2$$

Eintrag (2,1) Die obere Schranke für die ∞–Norm/2–Norm Systemverstärkung folgt aus der sogenannten Cauchy-Schwarz'schen-Ungleichung:

$$|y(t)| = \left| \int_{-\infty}^{\infty} G(t-\tau)u(\tau)d\tau \right|$$

$$\leq \sqrt{\int_{-\infty}^{\infty} G(t-\tau)^2 d\tau} \sqrt{\int_{-\infty}^{\infty} u(\tau)^2 d\tau}$$

$$= \| G \|_2 \; \| u \|_2$$

Da der maximale Betrag von $y(t)$ der ∞–Norm entspricht, gilt natürlich auch

$$\| y \|_\infty \leq \| G \|_2 \; \| u \|_2 \; .$$

Eintrag (3,1) Mit $\| u \|_2 < \infty$ und $\| G \|_\infty < \infty$ folgt $\| y \|_2 < \infty$ und deswegen $\mathrm{pow}(u) = 0$.

Eintrag (1,2) Ein Signal mit der ∞–Norm 1 ist das Signal $u(t) = \cos(\omega t)$. Sofern die Strecke G keine Nullstelle bei dieser Frequenz aufweist, ist $y(t)$ ein nicht verschwindendes Signal unendlicher Energie, also unendlicher 2–Norm.

Eintrag (2,2) Das Element (2,2) gibt unmittelbar die maximale Systemverstärkung für Amplituden an. Die folgenden Ungleichungen zeigen, daß $\| G(t) \|_1$ hierfür eine obere Grenze darstellt.

$$|y(t)| = \left| \int_{-\infty}^{\infty} G(\tau)u(t-\tau)d\tau \right|$$

$$\leq \int_{-\infty}^{\infty} |G(\tau)u(t-\tau)| d\tau$$

$$\leq \| u \|_\infty \int_{-\infty}^{\infty} |G(\tau)| d\tau$$

$$= \| G \|_1 \ \| u \|_\infty$$

Eintrag (3,2) Aufgrund von Satz 2 in Kap. 7.2.1 folgt

$$\sup\{\mathrm{pow}(y) : \| u \|_\infty \leq 1\} \ \leq \ \sup\{\mathrm{pow}(y) : \mathrm{pow}(u) \leq 1\} \ .$$

Der letztere Fall wird aber in (3,3) behandelt. Die obere Grenze ist $\| G \|_\infty$.

Eintrag (1,3) und (2,3) Auf diese weniger wichtigen Fälle soll hier nicht weiter eingegangen werden. Es lassen sich jeweils Signale mit $\mathrm{pow}(u) < \infty$ erzeugen, so daß die 2- bzw. die ∞–Norm unendlich wird.

Eintrag (3,3) Die ∞–Norm kennzeichnet das Maximum von $|G(j\omega)|$. Die größte mittlere Leistung am Ausgang ist bei Anregung mit der Frequenz ω_0 zu erwarten, bei der das Maximum von $|G(j\omega)|$ erreicht wird. Mit dem Signal

$$u(t) = \sqrt{2} \sin(\omega_0 t)$$

folgt für die mittlere Leistung am Ausgang der Strecke

$$\mathrm{pow}(y)^2 = \lim_{T \to \infty} \frac{1}{2T} \int_{-T}^{T} |G(j\omega_0)|^2 2 \sin^2(\omega_0 t + \phi) \ dt$$

$$= |G(j\omega_0)|^2 \lim_{T \to \infty} \frac{1}{T} \int_{-T}^{T} \sin^2(\omega_0 t + \phi) \ dt$$

$$\omega_0 t + \phi = \theta$$

$$= |G(j\omega_0)|^2 \lim_{T \to \infty} \frac{1}{\omega_0 T} \int_{-\omega_0 T + \phi}^{\omega_0 T + \phi} \sin^2(\theta) \ d\theta$$

$$= |G(j\omega_0)|^2 \ \frac{2}{\pi} \int_{0}^{\pi} \sin^2(\theta) \ d\theta$$

$$= |G(j\omega_0)|^2 = \| G \|_\infty^2$$

Die obere Grenze tritt bei der sinusförmigen Anregung mit der Frequenz ω_0 auf.

7.5 Übungsbeispiel: Berechnung der Normen von Systemen

Strecke 2. Ordnung

$$G(s) = \frac{\omega_0^2}{s^2 + 2D\omega_0 s + \omega_0^2}, \qquad 0 < D < 1$$

$$\| G \|_2 \;, \quad \| G \|_\infty \; ?$$

Wie lauten

a) die 2-Norm,

b) die ∞-Norm

von $G(s)$?

c) Wie könnte man einen Reglerentwurf durch Minimierung oder Beschränkung der 2- oder der ∞-Norm formulieren?
Eingang sei eine Störgröße, Ausgang sei die Regelabweichung.

7.5.1 Lösung

a) Für $D > 0$ hat $G(s)$ keine Pole auf der imaginären Achse. Aufgrund von $G(j\infty) = 0$ ist G streng begrenzt. Deshalb ist $\| G \|_2 < \infty$.
Eine einfache Methode zur Berechnung der 2-Norm ist (7.14):

$$\| G \|_2 = \sum \text{Res}_- \{G(-s)G(s)\}$$

Im ersten Schritt wird $G(-s)G(s)$ berechnet

$$G(-s)G(s) = \frac{\omega_0^4}{\left(s^2 + 2D\omega_0 s + \omega_0^2\right)\left(s^2 - 2D\omega_0 s + \omega_0^2\right)} \ .$$

Mit den Abkürzungen $a = \omega_0\left(D + \sqrt{D^2 - 1}\right)$ und $b = \omega_0\left(D - \sqrt{D^2 - 1}\right)$ kann man schreiben

$$G(-s)G(s) = \frac{\omega_0^4}{(s + a)(s + b)(s - a)(s - b)} \ .$$

Die Residuen der Pole mit negativem Realteil sind

$$R_{1-} = \frac{\omega_0^4}{-2a\left(a^2 - b^2\right)} \qquad \text{(für den Pol } s = -a\text{)} \ ,$$

$$R_{2-} = \frac{\omega_0^4}{-2b\left(b^2 - a^2\right)} \qquad \text{(für den Pol } s = -b\text{)} \ .$$

Die 2-Norm ist die Wurzel aus der Summe dieser Residuen

$$\| G \|_2 = \sqrt{R_{1-} + R_{2-}} = \sqrt{\frac{\omega_0^4}{2ab(a + b)}} = \frac{1}{2}\sqrt{\frac{\omega_0}{D}} \ .$$

Dieser Wert ist die maximal mögliche Amplitude für die Klasse aller Signale mit $\| u_2 \| = 1$:

$$\| G \|_2 = \sup_{\|u\|_2 = 1} \| y \|_\infty \ .$$

b) Die ∞-Norm für Eingrößenstrecken ist identisch mit dem Maximum des Betrags der Übertragungsfunktion. Zweckmäßigerweise bildet man das Quadrat des Betrages

$$G(-j\omega)G(j\omega) = \frac{\omega_0^4}{\omega^4 - 2\omega_0^2\left(1 - 2D^2\right)\omega^2 + \omega_0^4} = \left|G(\omega^2)\right| \ .$$

Diese Funktion hängt nur von ω^2 ab. Das Maximum des Betrages kann durch Ableitung nach ω^2 berechnet werden.

$$\frac{d}{d\omega^2}\left(\left|G(\omega^2)\right|\right) = -\omega_0^4 \frac{2\omega^2 - 2\omega_0^2\left(1 - 2D^2\right)}{(\ldots)^2}$$

Nullsetzen des Zählers führt auf die Frequenz

$$\omega^2 = \omega_0^2(1 - 2D^2), \qquad D \leq \frac{1}{\sqrt{2}}$$

bei der der Betrag der Übertragungsfunktion einen Extremwert annimmt. Setzt man diese Frequenz ein, so folgt für den Betrag

$$|G(\omega^2)|^2_{max} = \frac{1}{4D^2(1 - D^2)}, \qquad D \leq \frac{1}{\sqrt{2}}.$$

Die ∞-Norm lautet somit

$$\| G \|_\infty = \left\{ \begin{array}{ll} 1 & \text{für} \quad D > \frac{1}{\sqrt{2}} \\ \frac{1}{2D\sqrt{1 - D^2}} & \text{für} \quad D \leq \frac{1}{\sqrt{2}} \end{array} \right\}.$$

Diese Norm ist das maximale Verhältnis der Signal-Normen

$$\| G \|_\infty = \sup_{\|u\|_2 \neq 1} \| y \|_2$$

von Ausgang zu Eingang.

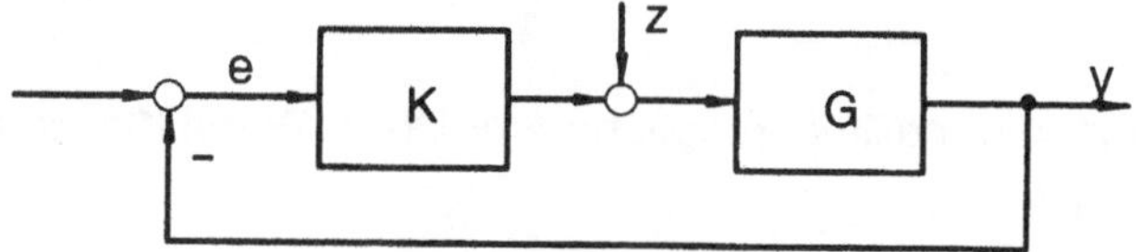

Bild 7.5: Regelkreis

c) Die Übertragungsfunktion von Störgröße zum Regelfehler gemäß Bild 7.5 ist

$$-\frac{G}{1 + GK}.$$

Ein sinnvolles Kriterium zum Entwurf des Reglers K könnte lauten

$$\left\| \frac{G}{1 + GK} \right\| < \epsilon .$$

Gesucht wird nun derjenige Regler, der dazu führt, daß die Norm einer Übertragungsfunktion des geschlossenen Kreises kleiner als ϵ wird. Es gelten dann die Eigenschaften der Tabelle 7.2 für das Verhältnis der Signal-Normen von e und z.

8 Koprime Faktorisierung

Jede reell rationale Übertragungsfunktion läßt sich durch zwei stabile, begrenzte Übertragungsfunktionen darstellen. Wir bezeichnen diese Übertragungsfunktionen als zur Menge φ zugehörig:

Menge φ:	Menge aller stabilen, reell rationalen, begrenzten Übertragungsfunktionen

Die Menge φ ist *abgeschlossen* bezüglich Addition und Multiplikation.

$$F, G \in \varphi \quad \rightarrow \quad F + G, \; F \cdot G \in \varphi$$

Wir wollen zunächst den Eingrößenfall behandeln, bei der eine beliebige rationale Strecke als Quotient zweier Übertragungsfunktionen in φ darstellbar ist.

$$G = \frac{N}{M}, \quad N, M \in \varphi \tag{8.1}$$

Im Mehrgrößenfall wird aus (8.1) $G = NM^{-1}$. Die instabile Strecke

$$G = \frac{s-2}{s-1}$$

kann beispielsweise als Quotient der Übertragungsfunktionen

$$N = \frac{s-2}{s+1}, \quad M = \frac{s-1}{s+1}$$

dargestellt werden. N und M sind Element von φ.

Wählt man für den Regler K die gleiche Darstellung

$$K = \frac{X}{Y}, \quad X, Y \in \varphi, \tag{8.2}$$

so ergibt sich für die Empfindlichkeitsfunktion

$$S = \frac{1}{1 + GK} = \frac{1}{1 + \frac{N}{M}\frac{X}{Y}} = \frac{MY}{NX + MY}. \tag{8.3}$$

Denkbar einfache Verhältnisse ergeben sich, wenn X und Y so konstruiert werden können, daß

$$NX + MY = 1 \quad \forall\, \omega \tag{8.4}$$

gilt. In allen Übertragungsfunktionen des geschlossenen Kreises kann der Nenner $NX + MY$ dann keine Instabilitäten mehr verursachen. Die Empfindlichkeitsfunktion (8.3) wird damit einfach $S = MY$ und ist aufgrund von $M, Y \in \varphi$ immer stabil. Mit anderen Worten: gelingt es, zu gegebenen N und M zwei Funktionen X und Y aus φ zu konstruieren, so daß (8.4) erfüllt ist, so ist

$$K = \frac{X}{Y}$$

ein *stabilisierender* Regler für G.

> Koprime Faktorisierung von G über φ:
>
> Man bezeichnet N, M als koprim, wenn es zwei Funktionen X und Y gibt, so daß $NX + MY = 1$ gilt. Daraus folgt, daß X und Y ebenfalls koprim sind.

N und M bzw. X und Y haben keine gemeinsamen Nullstellen s_0, da anderenfalls die Bedingung (8.4) nicht zu erfüllen wäre.

$$N(s_0)X(s_0) + M(s_0)Y(s_0) = 0 \neq 1$$

Koprime Funktionen sind also immer teilerfremd.

8.1 Berechnung von $X(s)$ und $Y(s)$ mit dem Algorithmus von Euklid

Der Euklidische Algorithmus [7] ermöglicht die Bestimmung des größten gemeinsamen Teilers zweier Polynome. Man kann den Algorithmus aber auch verwenden, um vier teilerfremde Polynome zu erzeugen. Man geht davon aus, daß zwei Polynome $n(s)$ und $m(s)$ keine gemeinsamen Nullstellen aufweisen.

Algorithmus von Euklid:

1. Division des größeren Polynoms $n(s)$ durch $m(s)$:

$$n = mq_1 + r_1$$

2. $m = r_1 q_2 + r_2$

3. $r_1 = r_2 q_3 + r_3$

3. $r_2 = r_3 q_4 + r_4$

. . .

. . .

Ende, wenn $r_k = \text{const.} \neq 0$

Berechnung von Polynomen $x(\lambda)$ und $y(\lambda)$, so daß $nx + my = 1$ gilt:

Der Algorithmus von Euklid wird durch folgendes System von Polynomgleichungen beschrieben:

$$\begin{bmatrix} 1 & 0 & \cdots & & 0 \\ q_2 & 1 & 0 & & \vdots \\ -1 & q_3 & 1 & & \vdots \\ & \ddots & \ddots & \ddots & \vdots \\ 0 & & -1 & q_k & 1 \end{bmatrix} \begin{bmatrix} r_1 \\ r_2 \\ r_3 \\ \vdots \\ r_k \end{bmatrix} = \begin{bmatrix} 1 & -q_1 \\ 0 & 1 \\ \vdots & 0 \\ \vdots & \vdots \\ 0 & 0 \end{bmatrix} \begin{bmatrix} n \\ m \end{bmatrix}$$

r_k ist in unserem Fall eine von Null verschiedene Konstante. Löst man nun nach r_k auf, so erhält man

$$r_k = (\ldots)n + (\ldots)m$$

bzw.

$$1 = \underbrace{n \frac{1}{r_k}(\ldots)}_{x} + \underbrace{m \frac{1}{r_k}(\ldots)}_{y} . \tag{8.5}$$

Die mit x und y bezeichneten Polynome zeigen gerade die gewünschten Eigenschaften.

Der Übergang von Polynomen auf *stabile* Übertragungsfunktionen kann durch Ersetzen des Arguments λ in $x(\lambda)$ und $y(\lambda)$ durch

$$\lambda = \frac{1}{s+1} \tag{8.6}$$

erfolgen. Die entstehenden Übertragungsfunktionen sind dann $X(s)$ und $Y(s)$. Man bestimmt die Polynome $n(\lambda)$ und $m(\lambda)$ aus $G(s)$, indem man (8.6) nach s auflöst und in $G(s)$ einsetzt.

$$s = \frac{1-\lambda}{\lambda} \tag{8.7}$$

$$G(s) = \tilde{G}(\lambda) := \frac{m(\lambda)}{n(\lambda)} \tag{8.8}$$

Zusammenfassung der koprimen Faktorisierung von $G(s)$ über φ :

1. Beschreibung von $G(s)$ durch koprime Polynome in λ der Ordnung n mit Hilfe der Abbildung
$$s = \frac{1-\lambda}{\lambda} \ .$$
2. Berechnung der Polynome $x(\lambda)$ und $y(\lambda)$ mit dem Algorithmus von Euklid, so daß $nx + my = 1$ gilt.
3. Rücktransformation der Polynome $n(\lambda), m(\lambda), x(\lambda), y(\lambda)$ mit
$$\lambda = \frac{1}{s+1}$$
führt auf die Übertragungsfunktionen $N(s), M(s), X(s), Y(s)$.

8.2 Beispiel: koprime Faktorisierung einer instabilen Strecke

Gesucht wird eine koprime Faktorisierung für die Übertragungsfunktion

$$G(s) = \frac{1}{(s-1)(s-2)} \ .$$

Ersetzt man s durch λ gemäß (8.7), so erhält man nach (8.8) die Polynome

$$\tilde{G}(\lambda) = \frac{\lambda^2}{6\lambda^2 - 5\lambda + 1}, \quad n(\lambda) = \lambda^2, \quad m(\lambda) = 6\lambda^2 - 5\lambda + 1 \ .$$

Führt man die ersten beiden Polynomdivisionen durch

$$n = mq_1 + r_1 ,$$

$$m = r_1 q_2 + r_2 ,$$

so stellt man fest, daß der Algorithmus bereits beendet ist, da r_2 nicht mehr von λ abhängt:

$$\lambda^2 = \left(6\lambda^2 - 5\lambda + 1\right)\frac{1}{6} + \frac{5}{6}\lambda - \frac{1}{6} ,$$

$$\left(6\lambda^2 - 5\lambda + 1\right) = \left(\frac{5}{6}\lambda - \frac{1}{6}\right)\left(\frac{36}{5}\lambda - \frac{114}{25}\right) + \frac{6}{25} .$$

Löst man das obige Gleichungssystem nach r_2 auf, so folgt

$$r_2 = m - r_1 q_2 = m - (n - mq_1)q_2 = (1 + q_1 q_2)m - q_2 n .$$

Ein Vergleich mit (8.5) führt auf die Polynome

$$x = -\frac{q_2}{r_2} = -30\lambda + 19,$$

sowie

$$y = \frac{1 + q_1 q_2}{r_2} = 5\lambda + 1 .$$

Ersetzt man nun in n, m, x und y das Argument λ gemäß (8.6), so erhält man die gesuchte koprime Faktorisierung:

$$N(s) = \frac{1}{(s+1)^2}, \quad M(s) = \frac{(s-1)(s-2)}{(s+1)^2},$$

$$X(s) = \frac{19s - 11}{s+1}, \quad Y(s) = \frac{s+6}{s+1} .$$

Die Gleichung

$$NX + MY = 1$$

ist für beliebige s immer erfüllt, und der Regler

$$K(s) = \frac{X(s)}{Y(s)} = \frac{19s - 11}{s+6}$$

stabilisiert die Strecke $G(s)$.

8.3 Q-Parametrierung: der allgemeine Fall

Für eine begrenzte ($|G(j\omega)| < \infty$), sonst aber beliebige Übertragungsfunktion $G(s)$ existiert eine koprime Faktorisierung über φ der Form

$$G = \frac{N}{M} \qquad \text{(koprime Faktorisierung über } \varphi\text{)} ,$$

$$NX + MY = 1 \qquad \text{(Bezout Identität)} .$$

In diesem Kapitel soll die Menge aller G stabilisierenden Regler hergeleitet werden. Zu diesem Zweck benötigen wir den Begriff der *internen Stabilität.*

8.3.1 Interne Stabilität

Ein Regelkreis, bestehend aus Regler K, Strecke G und Sensor/Meßwertverarbeitung F kann durch das folgende Blockschaltbild repräsentiert werden:

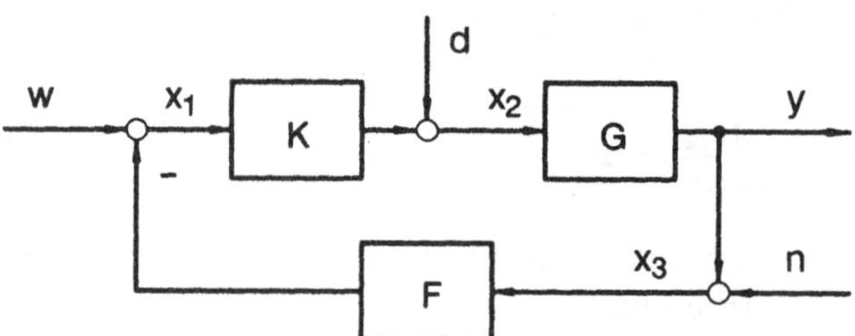

Bild 8.1: Blockschaltbild zur Definition der internen Stabilität

Für die internen Größen x_i gilt

$$x_1 = w - Fx_3 , \qquad x_2 = d + Kx_1 , \qquad x_3 = n + Gx_2 .$$

In Matrizenform ergibt sich

$$\begin{bmatrix} 1 & 0 & F \\ -K & 1 & 0 \\ 0 & -G & 1 \end{bmatrix} \begin{bmatrix} x_1 \\ x_2 \\ x_3 \end{bmatrix} = \begin{bmatrix} w \\ d \\ n \end{bmatrix} .$$

Die Gleichungen des geschlossenen Kreises folgen durch Auflösung des Gleichungssystems nach x_i:

$$\begin{bmatrix} x_1 \\ x_2 \\ x_3 \end{bmatrix} = \begin{bmatrix} 1 & 0 & F \\ -K & 1 & 0 \\ 0 & -G & 1 \end{bmatrix}^{-1} \begin{bmatrix} w \\ d \\ n \end{bmatrix}$$

$$= \frac{1}{1+FGK} \begin{bmatrix} 1 & -GF & -F \\ K & 1 & -KF \\ GK & G & 1 \end{bmatrix} \begin{bmatrix} w \\ d \\ n \end{bmatrix} \tag{8.9}$$

Mit (8.9) kann nun die interne Stabilität definiert werden.

> Ein System ist intern stabil, wenn die 9 Übertragungsfunktionen in (8.9) stabil sind.

Betrachten wir die Youla(Regler)–Parametrierung aus Kap. 1.6 mit dem Regler

$$K = \frac{Q}{1-GQ}\,, \quad (Q \text{ ist eine stabile Übertragungsfunktion})\,,$$

so folgt für die Übertragungsfunktionen in (8.9) (mit $F = 1$)

$$\begin{bmatrix} 1-GQ & -G(1-GQ) & -(1-GQ) \\ Q & 1-GQ & -Q \\ GQ & G(1-GQ) & 1-GQ \end{bmatrix}. \tag{8.10}$$

Man erkennt, daß der Regler K interne Stabilität bewirkt (alle Elemente in (8.10) sind stabil), sofern nur Q und G stabile Übertragungsfunktionen sind. Mit anderen Worten: jede beliebige Übertragungsfunktion des geschlossenen Kreises ist eine stabile Übertragungsfunktion. So sind die Empfindlichkeitsfunktion

$$S = \frac{1}{1+GK} = \frac{1}{1+\frac{GQ}{1-GQ}} = 1 - GQ$$

sowie die komplementäre Empfindlichkeitsfunktion

$$T = 1 - S = GQ$$

offensichtlich stabil.

8.4 Die Menge aller G stabilisierenden Regler

Mit der koprimen Faktorisierung $N(s), M(s), X(s), Y(s) \in \varphi$, $NX + MY = 1$ lautet die Menge aller $G = \dfrac{N}{M}$ stabilisierenden Regler (Herleitung siehe Kap. 8.4.1):

Die Menge aller Regler für interne Stabilität ist

$$\left\{K = \frac{X + MQ}{Y - NQ} : \; Q \in \varphi\right\} . \tag{8.11}$$

Ein Sonderfall ist das erwähnte Beispiel aus Kap. 1.6, bei dem G bereits Element von φ ist. Die denkbar einfachste Faktorisierung ist dann

$$N = G, \quad M = 1, \quad X = 0, \quad Y = 1, \qquad N, M, X, Y \in \varphi .$$

Setzt man diese Übertragungsfunktionen in (8.11) ein, so folgt die bereits bekannte Beziehung

$$K = \frac{Q}{1 - GQ} .$$

8.4.1 Herleitung der internen Stabilität für den geschlossenen Kreis mit dem parametrierten Regler

Setzen wir für den Regler

$$K = \frac{N_K}{M_K} , \qquad N_K, \; M_K \in \varphi$$

bzw. für die Strecke

$$G = \frac{N}{M} , \qquad N, \; M \in \varphi$$

ein, so folgen mit $F(s) = 1$ die Übertragungsfunktionen für interne Stabilität

$$\frac{1}{1 + GK}\begin{bmatrix} 1 & -G & -1 \\ K & 1 & -K \\ GK & G & 1 \end{bmatrix} = \frac{1}{NN_K + MM_K}\begin{bmatrix} MM_K & -NM_K & -MM_K \\ MN_K & MM_K & -MN_K \\ NN_K & NM_K & MM_K \end{bmatrix} . \tag{8.12}$$

Da alle Übertragungsfunktionen in der rechten Matrix stabil sind, ist die interne Stabilität mit der Forderung

$$\frac{1}{NN_K + MM_K} \in \varphi \tag{8.13}$$

identisch. Definieren wir nun

$$N_K = X + MQ$$

und

$$M_K = Y - NQ \ ,$$

so folgt aufgrund der koprimen Eigenschaften von N, M, X und Y

$$\begin{aligned} NN_K + MM_K &= N(X + MQ) + M(Y - NQ) \\ &= NX + MY = 1 \end{aligned} \tag{8.14}$$

Somit sind auch $N, M, N_K = X + MQ$ und $M_K = Y\text{-}NQ$ koprim, und die Bedingung (8.13) ist erfüllt. Der Regler (8.11) führt also im geschlossenen Kreis mit der Strecke G auf interne Stabilität. Mit der Beziehung (8.14) ergeben sich die Übertragungsfunktionen (8.12) für interne Stabilität zu

$$\begin{bmatrix} MM_K & -NM_K & -MM_K \\ MN_K & MM_K & -MN_K \\ NN_K & NM_K & MM_K \end{bmatrix} = \begin{bmatrix} M(Y - NQ) & -N(Y - NQ) & -M(Y - NQ) \\ M(X + MQ) & M(Y - NQ) & -M(X + MQ) \\ N(X + MQ) & N(Y - NQ) & M(Y - NQ) \end{bmatrix} . \tag{8.15}$$

Da Q linear in *allen* Übertragungsfunktionen in (8.15) vorkommt, gilt der Satz:

> Der Regler
>
> $$K = \frac{X + MQ}{Y - NQ}$$
>
> führt dann und nur dann auf interne Stabilität im geschlossenen Kreis, wenn **Q eine stabile Übertragungsfunktion** ist.

8.5 Entwurf eines stabilisierenden Reglers mit vorgebbaren Eigenschaften durch koprime Faktorisierung

Anforderungen an eine Regelung können leicht durch bestimmte Eigenschaften von Übertragungsfunktionen des geschlossenen Kreises beschrieben werden. Man erkennt an (8.15), wie der Parameter Q die einzelnen Übertragungsfunktionen beeinflußt.

> Die Übertragungsfunktionen des geschlossenen Kreises sind *lineare* Funktionen des Parameters Q.
>
> Die Eigenschaften einzelner Übertragungsfunktionen lassen sich somit leicht über Q festlegen (Q-Parametrierung).

Wichtige Übertragungsfunktionen sind die Empfindlichkeitsfunktion

$$S = M(Y - NQ) \tag{8.16}$$

und die komplementäre Empfindlichkeitsfunktion

$$T = 1 - S = N(X + MQ) \; . \tag{8.17}$$

Die Aufgabe, diese Übertragungsfunktionen über den linearen Parameter Q festzulegen, ist wesentlich einfacher, als direkt einen Regler K zu bestimmen, so daß beispielsweise

$$S = \frac{1}{1 + GK}$$

eine stabile Funktion wird und in bestimmten Frequenzbereichen kleine Beträge annimmt. Bei der Q-Parametrierung ist die Stabilität automatisch gewährleistet, sofern Q selbst eine stabile Übertragungsfunktion ist. Die Vorgabe von bestimmten Regeleigenschaften und die Gewährleistung von Stabilität im geschlossenen Kreis sind bei diesem Verfahren vollständig getrennt.

8.5.1 Algorithmus

Die Zusammenfassung von koprimer Faktorisierung und der Ergebnisse aus diesem Kapitel führt auf den Algorithmus zur Bestimmung eines stabilisierenden Reglers mit vorgebbaren Eigenschaften des geschlossenen Kreises:

1. Wenn G stabil: $N = G$, $M = 1$, $X = 0$, $Y = 1$, weiter mit Schritt 5:
2. Transformation von $G(s)$ nach $\tilde{G}(\lambda)$ mit der Abbildung $s = \frac{1-\lambda}{\lambda}$.

   G ist dann das Verhältnis der koprimen Polynome
   $$\tilde{G}(\lambda) = \frac{n(\lambda)}{m(\lambda)}.$$
3. Mit dem Algorithmus von Euklid lassen sich Polynome $x(\lambda)$ und $y(\lambda)$ finden, so daß gilt
   $$nx + my = 1.$$
4. Rücktransformation von $n(\lambda)$, $m(\lambda)$, $x(\lambda)$, $y(\lambda)$ nach $N(s)$, $M(s)$, $X(s)$, $Y(s)$ mit der Abbildung $\lambda = \frac{1}{s+1}$.
5. Berechnung der Übertragungsfunktionen des geschlossenen Kreises, für die bestimmte Eigenschaften erfüllt sein müssen. Diese Übertragungsfunktionen enthalten $Q(s)$ als linearen Parameter.
6. Entwurf einer stabilen Übertragungsfunktion $Q(s)$, mit der alle Eigenschaften der Übertragungsfunktionen in 5. erfüllt werden.
7. Der Regler ergibt sich nun aus
   $$K(s) = \frac{X + MQ}{Y - NQ}, \quad Q \in \varphi.$$

   Dies ist die Menge aller G stabilisierenden Regler, d.h. $Q(s) = 0$ ist die einfachste Lösung.

8.6 Übungsbeispiel: Reglerentwurf für eine instabile Strecke durch koprime Faktorisierung

Instabile Strecke $G(s) = \frac{s-1}{s(s-2)}$

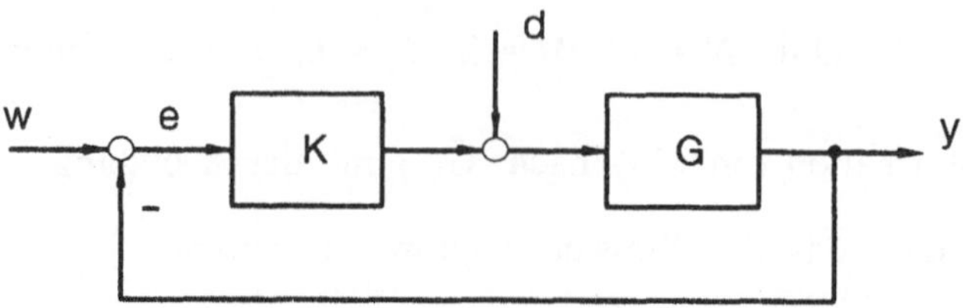

a) Berechnen Sie eine koprime Faktorisierung von $G(s)$ über φ.

b) Der Regelfehler e soll für $d = \sin(3t)$ verschwinden.
Wie lautet $K(s)$?

8.6.1 Lösung

a) Mit der Abbildungsvorschrift $s = \frac{1-\lambda}{\lambda}$ erhält man aus $G(s)$

$$\tilde{G}(\lambda) = \frac{\frac{1-\lambda}{\lambda} - 1}{\frac{1-\lambda}{\lambda}\left(\frac{1-\lambda}{\lambda} - 2\right)} = \frac{\lambda(1-\lambda) - \lambda^2}{(1-\lambda)(1-\lambda-2\lambda)} = \frac{n(\lambda)}{m(\lambda)} \; .$$

Mit den Polynomen $n(\lambda)$ und $m(\lambda)$ läßt sich nun die erste Division durchführen

$$n = mq_1 + r_1 \; ,$$

$$-2\lambda^2 + \lambda = (3\lambda^2 - 4\lambda + 1)\left(-\frac{2}{3}\right) - \frac{5}{3}\lambda + \frac{2}{3} \; .$$

Die folgende Polynomdivision führt bereits auf einen von λ unabhängigen, konstanten Rest r_2

$$m = r_1 q_2 + r_2 \; ,$$

$$3\lambda^2 - 4\lambda + 1 = \left(-\frac{5}{3}\lambda + \frac{2}{3}\right)\left(-\frac{9}{5}\lambda + \frac{42}{25}\right) - \frac{3}{25} \; .$$

$r_2 = \text{const.}$

Löst man nach r_2 (Elimination von r_1) auf, so folgt

$$r_2 = m - r_1 q_2 = m - (n - mq_1)q_2 = -nq_2 + m(1 + q_1 q_2) \; .$$

Die Division durch r_2 liefert dann die koprimen Polynome $x(\lambda)$ und $y(\lambda)$:

$$1 = n\underbrace{\left(-\frac{q_2}{r_2}\right)}_{x(\lambda)} + m\underbrace{\frac{1 + q_1 q_2}{r_2}}_{y(\lambda)} ,$$

$$x(\lambda) = 15\lambda + 14 , \qquad y(\lambda) = -10\lambda + 1 .$$

Die Rücksubstitution $\lambda = \dfrac{1}{s+1}$ führt auf die 4 gesuchten Übertragungsfunktionen

$$N(s) = \frac{s-1}{(s+1)^2} , \qquad M(s) = \frac{s(s-2)}{(s+1)^2} ,$$

$$X(s) = \frac{14s-1}{s+1} , \qquad Y(s) = \frac{s-9}{s+1} .$$

b) Die Übertragungsfunktion von $d \to y$ kann man durch N, M, X und Y ausdrücken:

$$F = \frac{G}{1+GK} = \frac{\frac{N}{M}}{1 + \frac{N}{M}\frac{X+MQ}{Y-NQ}} = N(Y-NQ) .$$

Diese einfache Beziehung folgt aus der Eigenschaft $NX + MY = 1$.

Für $\omega = 3$ muß die Übertragungsfunktion F verschwinden:

$$F(j\omega = j3) = N(j3)\left[Y(j3) - N(j3)Q(j3)\right] \overset{!}{=} 0$$

Hieraus folgen die Bedingungen für Real- und Imaginärteil für $Q(s)$ an der Stelle $s = j3$.

$$Q(j3) = \frac{Y(j3)}{N(j3)} = \frac{j3-9}{j3+1}\frac{(j3+1)^2}{j3-1} = \frac{-54+j78}{10} .$$

Wir wählen für Q einen Ansatz der Form

$$Q(s) = a + \frac{b}{s+1} ,$$

da diese Funktion für beliebige a und b realisierbar und stabil ist. Man findet aus der obigen Randbedingung für $Q(j3)$ die Lösungen

$$a = -\frac{14}{5}\,, \qquad b = -26\,,$$

bzw.

$$Q(s) = -\frac{14}{5} - \frac{26}{s+1} = -\frac{1}{5}\frac{14s+144}{s+1}\,.$$

Einsetzen von $Q(s)$ in die Reglerformel führt nach einiger Zwischenrechnung auf

$$K(s) = \frac{X+MQ}{Y-NQ} = \frac{56s^3 + 19s^2 + 348s - 5}{5s^3 - 21s^2 + 45s - 189}\,.$$

Regler dieser Art lassen sich intuitiv nicht mehr finden.

Das Ergebnis einer Simulation des geschlossenen Kreises sowie das zugehörige Bode-Diagramm sind auf den folgenden Bildern 8.2 und 8.3 gezeigt.

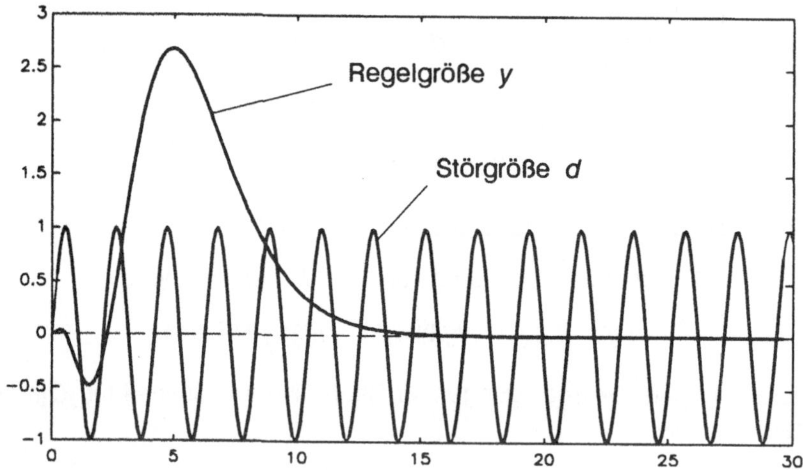

Bild 8.2: Verlauf der Regelgröße für eine sinusförmige Anregung $u = \sin(3t)$

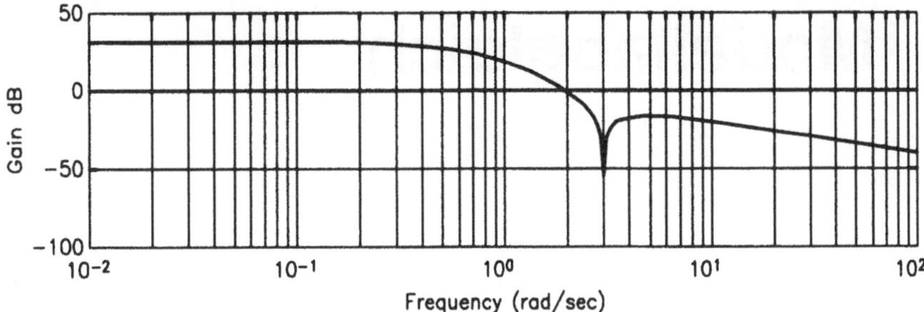

Bild 8.3: Bodediagramm des geschlossenen Kreises

Man erkennt, daß die Regelung exakt die gewünschten Eigenschaften aufweist. Jede Störung der Frequenz $\omega = 3$ wird vollständig ausgeregelt.

Fordert man lediglich stationäre Genauigkeit, so muß die Übertragungsfunktion F für $\omega = 0$ verschwinden. Man findet

$$Q_0 = \frac{Y(0)}{N(0)} = \frac{-9}{-1} = 9 \; .$$

Der zugehörige Regler lautet dann

$$K = \frac{X + 9M}{Y - 9N} = \frac{23s^2 - 5s - 1}{s(s - 17)} \; .$$

Verschiedene Anforderungen können mit Hilfe der koprimen Faktorisierung einfach erfüllt werden, da nur noch ein einfach zu bestimmender Parameter Q ermittelt werden muß. Durch einen sinnvollen Ansatz für Q lassen sich auch mehrere Anforderungen gleichzeitig erfüllen.

9 Modellabgleich

Bisher blieb die Frage unbeantwortet, wie man auf systematische Weise die Übertragungsfunktion $Q(s)$ bestimmen kann. In diesem Kapitel werden optimale Lösungen vorgestellt, die Normen von Übertragungsfunktionen des geschlossenen Kreises minimieren. Da mit $Q(s)$ die Gesamtheit aller stabilisierenden Regler erfaßt wird, führt die optimale Lösung für $Q(s)$ auch auf die optimale Lösung für $K(s)$.

9.1 Problemstellung

Die Übertragungsfunktionen des geschlossenen Kreises sind lineare Funktionen des Parameters Q. Wir werden im folgenden zeigen, daß sich jede Übertragungsfunktion des geschlossenen Kreises auf die Struktur von Bild 9.1 bringen läßt.

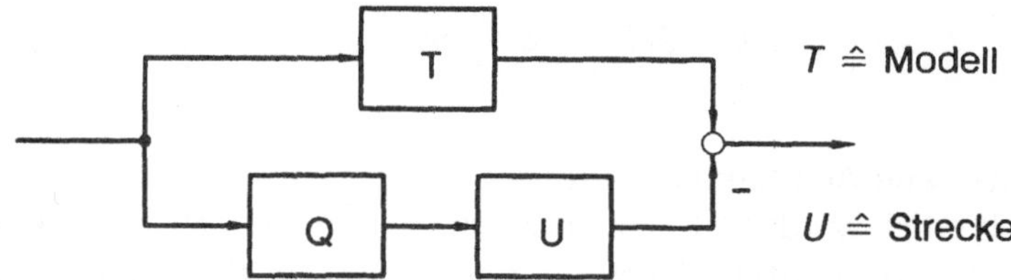

Bild 9.1: Modellabgleich-Problem

Für gegebene T, $U \in \varphi$ (stabil, begrenzt) wird das Q gesucht, für das

$$\| T - UQ \|$$

minimal wird. Auch für $Q(s)$ wird Stabilität gefordert. Wir können T als "Modell" auffassen, für das die bestmögliche Approximation UQ gesucht wird. Ein Beispiel ist die Empfindlichkeitsfunktion S. Mit den Beziehungen

$$G = \frac{N}{M}\ , \quad K = \frac{X + MQ}{Y - NQ}\ , \quad NX + MY = 1$$

folgt für

$$S = \frac{1}{1 + GK} = \frac{1}{1 + \frac{N}{M}\frac{X+MQ}{Y-NQ}} = M(Y - NQ) \ .$$

Die Minimierung von $\| S \|$ entspricht also der Aufgabe, eine Übertragungsfunktion Q zu bestimmen, so daß $\| T - UQ \|$ minimal wird. T und U ergeben sich in diesem Fall zu

$$T = MY \ , \qquad U = MN \ .$$

Das optimale Q führt auf den Restfehler

$$\gamma_{opt} = \min \| T - UQ \| \ . \tag{9.1}$$

Der triviale Fall tritt ein, wenn $\frac{T}{U} \in \varphi$ ist. Dann ist natürlich $Q = \frac{T}{U}$ die (eindeutige) Lösung des Problems (9.1) mit $\gamma_{opt} = 0$. Leider ist bei fast allen technischen Problemen $\frac{T}{U}$ nicht Element von φ.

Sofern $U(s)$ Nullstellen in der rechten Halbebene besitzt, ist die Lösung nicht mehr trivial und $\gamma_{opt} \neq 0$. Der einfachste nicht-triviale Fall ist eine einfache Nullstelle von U in der rechten Halbebene an der Stelle s_0. Betrachten wir die ∞-Norm von $T - UQ$, so liefert uns das sogenannte *Maximum-Modulus-Theorem* eine untere Grenze für γ_{opt}.

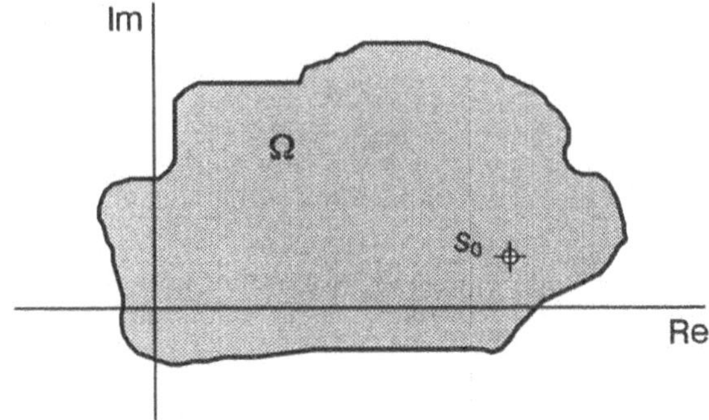

Bild 9.2: Definition des Gebietes Ω

Maximum-Modulus-Theorem:

Ω sei ein nicht-leeres Gebiet in der komplexen Ebene, und F sei eine analytische Funktion in Ω. Dann wird das Maximum von $|F|$ nicht in einem Punkt innerhalb von Ω erreicht.

F sei eine komplexe Funktion, die analytisch für das in Bild 9.2 eingezeichnete Gebiet Ω ist (F enthält keine Singularitäten in Ω). Weiterhin sei $\gamma = |F(s_0)|$. Dann ist der Betrag von F auf dem Rand von Ω größer oder gleich γ, denn nur dort kann das Maximum auftreten.

Die uns interessierenden Übertragungsfunktionen sind Element von $\mathcal{P}$, d.h. das Gebiet Ω umfaßt die gesamte rechte Halbebene (die Übertragungsfunktionen haben keine Singularitäten in der r.H.). Besitzt nun die Übertragungsfunktion U eine einzelne Nullstelle in der rechten Halbebene, so ist der Betrag von $T - UQ$ an der Stelle s_0

$$|T(s_0) - U(s_0)Q(s_0)| = |T(s_0)| \; .$$

Da sich s_0 innerhalb des Gebiets Ω befindet, muß der maximale Betrag von

$$|T(j\omega) - U(j\omega)Q(j\omega)|$$

aufgrund des Maximum-Modulus-Theorems größer oder gleich $|T(s_0)|$ sein ($j\omega$ befindet sich ja auf einer Randkurve von Ω). Somit ist $|T(s_0)|$ eine echte untere Grenze für die ∞-Norm

$$\| T - UQ \|_\infty \geq |T(s_0)|$$

bzw. den bestmöglichen Wert

$$\gamma_{opt} \geq |T(s_0)| \; .$$

Setzt man

$$Q = \frac{T - T(s_0)}{U}, \tag{9.2}$$

so ist Q stabil und $\gamma = |T(s_0)|$. Tatsächlich ist (9.2) die optimale Lösung.

9.1.1 Beispiel für minimale ∞-Norm bei einer Nullstelle von $U(s)$ in der rechten Halbebene

Gesucht wird die Übertragungsfunktion $Q(s)$, für die die Norm

$$\| T - UQ \|_\infty$$

das Minimum γ_{opt} annimmt. Die einzelnen Übertragungsfunktionen seien

$$T = \frac{4}{s+3}\,, \quad U = \frac{s-2}{(s+1)^3}\,.$$

Man erkennt, daß U eine einzelne Nullstelle bei $s_0 = 2$ besitzt. Das Minimum liegt also bei

$$\gamma_0 = T(2) = \frac{4}{2+3} = \frac{4}{5}\,.$$

Eine optimale Lösung ist nach (9.2)

$$Q = \frac{\frac{4}{s+3} - \frac{4}{5}}{\frac{s-2}{(s+1)^3}} = \frac{\frac{4}{5}\left(-\frac{s-2}{s+3}\right)}{\frac{s-2}{(s+1)^3}} = -\frac{4}{5}\frac{(s+1)^3}{s+3}\,.$$

In der Tat erhält man für die Übertragungsfunktion

$$T - UQ = \frac{4}{s+3} + \frac{4}{5}\frac{s-2}{s+3} = \frac{4}{5} = \text{const.}$$

die Konstante $\gamma_0 = 4/5$. Man beachte, daß $Q(s)$ aufgrund der gegenüber dem Nenner größeren Zählerordnung nicht begrenzt ist. Das Minimum von $\gamma_0 = 4/5$ kann also nur näherungsweise, d.h. in einem eingeschränkten Frequenzbereich, erreicht werden, da nicht begrenzte Übertragungsfunktionen nicht verwirklicht werden können.

10 Minimierung der 2–Norm

In diesem Kapitel wird der Reglerentwurf durch Minimierung der 2–Norm einer Übertragungsfunktion des geschlossenen Kreises beschrieben. Jedes Entwurfsproblem kann dabei auf die "Modellabgleich"–Struktur aus Kapitel 9.1 zurückgeführt werden. Die betreffenden Übertragungsfunktionen sind linear von dem zu bestimmenden Parameter Q abhängig.

Die 2–Norm einer Übertragungsfunktion ist die $\infty/2$–Norm–Systemverstärkung (s. Tabelle 7.2 in Kap. 7.4), d.h. die Minimierung der 2–Norm führt auf minimale Amplituden der Fehlersignale bezogen auf den "Energieinhalt" der externen Anregungen.

Als Entwurfsparameter dienen sogenannte *Gewichtsfunktionen*, die eine frequenzabhängige Gewichtung der Fehlersignale ermöglichen. Ein typisches Entwurfsproblem ist in Bild 10.1 dargestellt.

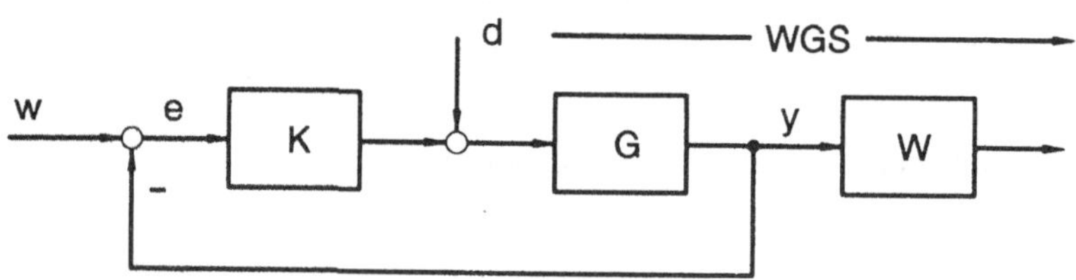

Bild 10.1: Definition der Übertragungsfunktion WGS

Die Gewichtsfunktion W ist gleichzeitig auch der einzige Entwurfsparameter, da mit der formalen Minimierung der 2–Norm kein Freiheitsgrad verbunden ist. Die Funktion W wird auch als Kosten- oder Straffunktion bezeichnet. Nimmt der Betrag der Übertragungsfunktion W in einem bestimmten Frequenzbereich große Werte an, so führt dies in diesem Frequenzbereich auf kleine Werte der Fehlergröße.

10.1 Definition der Mengen φ_0 und $\varphi_0^\perp$

Die 2–Norm wird unendlich bei Strecken, die nicht streng begrenzt sind (Kap. 7.3.1). Es ist im Zusammenhang mit der 2–Norm für Systeme deshalb nur sinnvoll, streng begrenzte Übertragungsfunktionen zu betrachten.

Definition φ_0 :

Untermenge von φ aller streng begrenzten, stabilen Übertragungsfunktionen.

Definition $\varphi_0^{\perp}$:

Menge aller streng begrenzten Übertragungsfunktionen, die analytisch für $\mathrm{Re}\{s\} \leq 0$ sind.

Die Vereinigungsmenge $\varphi_0 \cup \varphi_0^{\perp}$ ist die Menge aller streng begrenzten Übertragungsfunktionen ohne Pole auf der imaginären Achse. Jede Funktion $F \in \varphi_0 \cup \varphi_0^{\perp}$ kann als

$$F = F_{st} + F_{un} \,, \qquad F_{st} \in \varphi_0 \,, \quad F_{un} \in \varphi_0^{\perp} \tag{10.1}$$

geschrieben werden. Die Aufspaltung in einen stabilen (F_{st}) und einen instabilen Teil (F_{un}) kann beispielsweise durch Partialbruchzerlegung erfolgen und ist immer eindeutig, da Pole auf der imaginären Achse ausgeschlossen sind.

Für

$$F = \frac{1}{(s+1)(s-2)} \quad \in \varphi_0 \cup \varphi_0^{\perp}$$

erhält man durch Partialbruchzerlegung für

$$F_{st} = -\frac{1}{3}\frac{1}{s+1} \quad \in \varphi_0$$

und für

$$F_{un} = \frac{1}{3}\frac{1}{s-2} \quad \in \varphi_0^{\perp} \ .$$

Bezüglich der Addition von zwei Funktionen der Mengen φ_0 und $\varphi_0^{\perp}$ gilt folgendes Theorem:

Wenn $F \in \varphi_0$ und $G \in \varphi_0^{\perp}$:

$$\| F + G \|_2^2 = \| F \|_2^2 + \| G \|_2^2 \tag{10.2}$$

Beweis: Setzt man $F + G$ in die Definitionsgleichung der 2-Norm ein, so erhält man

$$\| F + G \|_2^2 = \frac{1}{2\pi} \int_{-\infty}^{\infty} |F(j\omega) + G(j\omega)|^2 d\omega$$

$$= \frac{1}{2\pi} \int_{-\infty}^{\infty} |F(j\omega)|^2 d\omega + \frac{1}{2\pi} \int |G(j\omega)|^2 d\omega$$

$$+ 2\,\mathrm{Re}\left\{ \frac{1}{2\pi} \int_{-\infty}^{\infty} \overline{F(j\omega)} G(j\omega) d\omega \right\} .$$

Falls der letzte Term Null ist, gilt die Gleichung (10.2). Da die Funktionen F und G streng begrenzt sind, kann der Integrationsweg entlang der imaginären Achse um einen Halbkreis im Unendlichen zu einem Ringintegral (um die linke Halbebene) erweitert werden, ohne den Wert des Integrals zu verändern.

$$\frac{1}{2\pi j} \int_{-j\infty}^{j\infty} \overline{F(j\omega)} G(j\omega) dj\omega = \frac{1}{2\pi j} \oint_{L.H.} F(-s) G(s) ds = 0 \qquad (10.3)$$

Da sowohl $F(-s)$ als auch $G(s)$ keine Pole in der linken Halbebene haben ($F(-s),\ G(s) \in \varphi_0^\perp$), ist nach dem Integralsatz von Cauchy [7] der Wert von (10.3) Null.

10.2 Berechnung des 2-Norm-optimalen $Q(s)$

Die Übertragungsfunktion WGS gemäß Bild 10.1 lautet mit

$$G = \frac{N}{M}\ , \qquad K = \frac{X + MQ}{Y - NQ}\ , \qquad S = M(Y - NQ)$$

$$WGS = WN(Y - NQ) = WNY - WN^2Q\ . \qquad (10.4)$$

Setzen wir $T = WNY$ und $U = WN^2$, so erkennen wir, daß (10.4) dem Modellabgleich-Problem

$$\| T - UQ \|_2$$

entspricht, bei dem der Parameter Q so zu bestimmen ist, daß das Modell T durch das Produkt UQ bestmöglich approximiert wird.

Die Nullstellen mit positivem Realteil bestimmen die Komplexität der Lösung. Nur wenn $U(s)$ keine Nullstellen in der rechten Halbebene besitzt, ist $Q = T/U$ die optimale (triviale) Lösung. Es ist für die allgemeine Lösung deshalb vorteilhaft, die Übertragungsfunktion U in einen Allpaß und eine Minimalphasenfunktion zu zerlegen.

$$U := U_{ap}U_{mp} \tag{10.5}$$

Man kann leicht erkennen, daß diese Zerlegung immer möglich ist und bis auf die Vorzeichen von U_{ap} und U_{mp} eindeutig ist. Für U_{ap} gilt dann

$$|U_{ap}(j\omega)| = 1 \quad \forall\ \omega\ .$$

Die folgenden Umformungen verwenden die Allpaß-/Minimalphasen-Zerlegung (10.5) sowie das Theorem (10.2).

$$\begin{aligned}
\| WNY - WN^2Q \|_2^2 &= \| T - UQ \|_2^2 \\
&= \| T - U_{ap}U_{mp}Q \|_2^2 \\
&= \| U_{ap}\left(U_{ap}^{-1}T - U_{mp}Q\right) \|_2^2 \\
&= \| U_{ap}^{-1}T - U_{mp}Q \|_2^2 \\
&= \| \underbrace{\left(U_{ap}^{-1}T\right)_{un}}_{\in\ \varphi_0^{\perp}} + \underbrace{\left(U_{ap}^{-1}T\right)_{st} - U_{mp}Q}_{\in\ \varphi_0} \|_2^2 \\
&= \| \left(U_{ap}^{-1}T\right)_{un} \|_2^2 + \| \left(U_{ap}^{-1}T\right)_{st} - U_{mp}Q \|_2^2
\end{aligned} \tag{10.6}$$

Die optimale (stabile) Lösung lautet damit

$$\boxed{Q_{opt} = U_{mp}^{-1}\left(U_{ap}^{-1}T\right)_{st}\ ,} \tag{10.7}$$

da der Term

$$\| (U_{ap}^{-1}T)_{un} \|_2^2 \tag{10.8}$$

durch Q nicht beeinflußt werden kann. Der Wert von (10.8) ist damit auch das Minimum der 2-Norm von

$$\| WNY - WN^2Q \|_2 = \| T - UQ \|_2 \ .$$

Die optimale Lösung $Q_{opt}(s)$ ist häufig keine begrenzte Funktion und kann somit nicht verwirklicht werden. Man kann jedoch stets die optimale Lösung approximieren, indem man

$$Q(s) = \frac{Q_{opt}}{(\tau s + 1)^k}$$

setzt. Der Wert k ist die Differenz zwischen Zähler- und Nennergrad von Q_{opt}. Mit dem Grenzübergang $\tau \rightarrow 0$ wird die optimale Lösung beliebig genau erreicht.

10.3 Beispiel für eine 2-Norm-optimale Regelung

Gesucht wird der 2-Norm-optimale Regler für die Strecke

$$G = \frac{1 - s}{s^2 + s + 2}$$

mit der Gewichtsfunktion

$$W = \frac{1}{s} \ .$$

Da es sich bei G um eine stabile Übertragungsfunktion handelt, kann eine koprime Zerlegung ohne Rechnung angegeben werden:

$$N = G, \ M = 1, \ X = 0, \ Y = 1$$

Die Reglerparametrierung lautet damit

$$K = \frac{Q}{1 - GQ} \ , \quad (G, Q \text{ stabil}) \ . \tag{10.9}$$

Damit $\| WGS \|_2$ endlich wird, muß der von der Gewichtsfunktion W herrührende Pol bei $s = 0$ durch eine entsprechende Nullstelle in der Funktion GS kompensiert werden.

Es muß an der Stelle $s = 0$ folglich gelten

$$GS(0) = \frac{G(0)}{1 + G(0)\frac{Q(0)}{1-G(0)Q(0)}} = G(0)(1 - G(0)Q(0)) \stackrel{!}{=} 0 \ .$$

Man erkennt, daß mit $Q(0) = 1/G(0) = 2$ die obige Forderung erfüllt wird. Diese Randbedingung für $Q(s)$ läßt sich leicht durch

$$Q = Q_0 + sQ_1 = 2 + sQ_1 \tag{10.10}$$

einhalten. Fordert man für Q_1 lediglich Stabilität, so wird mit Q die Gesamtheit aller Übertragungsfunktionen erfaßt, die für $s = 0$ den Wert 2 annehmen. Setzt man (10.10) in die Gleichung für WGS ein, so folgt mit (10.4)

$$\begin{aligned} WGS &= WG(1 - G(2 + sQ_1)) \\ &= WG(1 - 2G) - sWG^2Q_1 \\ &= WG(1 - 2G) - G^2Q_1 \\ &:= T - UQ_1 \ . \end{aligned}$$

Wir erhalten wieder die Struktur des Modellabgleich-Problems mit:

$$T = WG(1 - 2G) \qquad U = G^2$$

$$T = \frac{(1 - s)(s + 3)}{(s^2 + s + 2)^2} \qquad U = \frac{(1 - s)^2}{(s^2 + s + 2)^2}$$

$$U_{ap} = \frac{(1 - s)^2}{(1 + s)^2} \qquad U_{mp} = \frac{(1 + s)^2}{(s^2 + s + 2)^2}$$

$$Q_{1,\,opt} = U_{mp}^{-1}\left(U_{ap}^{-1}T\right)_{st}$$

Der einzige Unterschied zu der bisherigen Vorgehensweise besteht darin, daß hier $Q_{1,opt}$ bestimmt wird und Q anschließend gemäß (10.10) berechnet werden muß. Bestimmen wir also zunächst $Q_{1,opt}$.

$$Q_{1,opt} = \frac{(s^2+s+2)^2}{(s+1)^2}\left[\frac{(1+s)^2}{(1-s)^2}\frac{(1-s)(s+3)}{(s^2+s+2)^2}\right]_{st}$$

$$\frac{(1+s)^2(s+3)}{(1-s)(s^2+s+2)^2} = \underbrace{\frac{1}{1-s}}_{\substack{\in \varphi_0^\perp \\ \text{(un)}}} + \underbrace{\cdots}_{\substack{\in \varphi \\ \text{(st)}}}$$

Mit einer Zwischenrechnung wird $[\ldots]_{st}$ ermittelt:

$$\frac{(1+s)^2(s+3)}{(1-s)(s^2+s+2)^2} - \frac{1}{1-s} = \frac{(s^2+2s+1)(s+3)-(s^2+s+2)(s^2+s+2)}{(1-s)(s^2+s+2)^2}$$

$$= \frac{s^3+5s^2+7s+3-(s^4+2s^3+5s^2+4s+4)}{(1-s)(s^2+s+2)^2}$$

$$= \frac{s^4+s^3-3s+1}{(s-1)(s^2+s+2)^2} = \frac{s^3+2s^2+2s-1}{(s^2+s+2)^2} = [\ldots]_{st}$$

Es folgt schließlich

$$Q_{1,opt} = \frac{s^3+2s^2+2s-1}{(s+1)^2} \quad .$$

Durch Erweiterung von $Q_{1,opt}$ mit einer Tiefpaßfunktion hoher Grenzfrequenz kann Q_1 realisiert werden.

$$Q_1 = \frac{s^3+2s^2+2s-1}{(\tau s+1)^2(s+1)^2}$$

Nun muß nur noch $Q1$ in (10.10) eingesetzt werden, um Q zu erhalten.

$$Q = Q_0 + sQ_1 = 2 + sQ_1 = 2 + s\frac{s^3+2s^2+2s-1}{(\tau s+1)^2(s+1)^2}$$

Eine Simulation der Störantwort mit dem gemäß (10.9) berechneten Regler $K(s)$ ($\tau = 0.1$) ist in Bild 10.2 gezeigt.

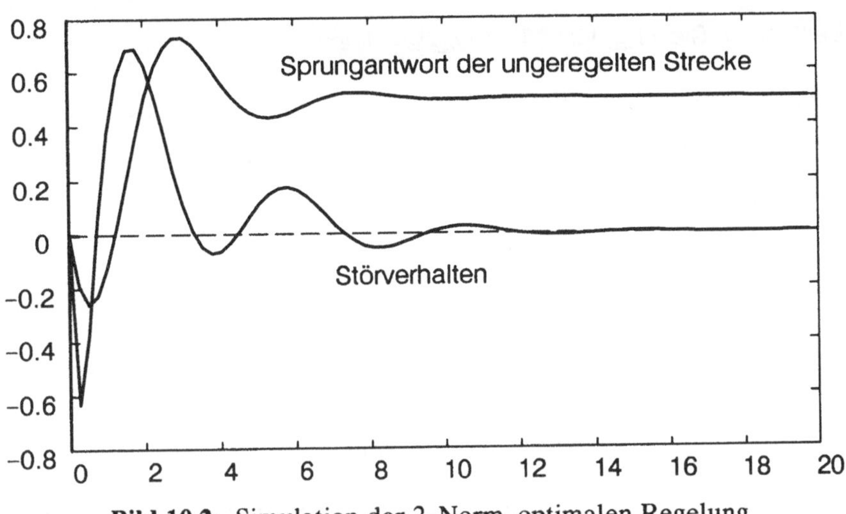

Bild 10.2: Simulation der 2-Norm-optimalen Regelung

10.4 Übungsbeispiel: 2-Norm-optimale Regelung für eine instabile Strecke

2-Norm-optimaler Regler für die instabile Strecke $G(s) = \frac{s-1}{s(s-2)}$

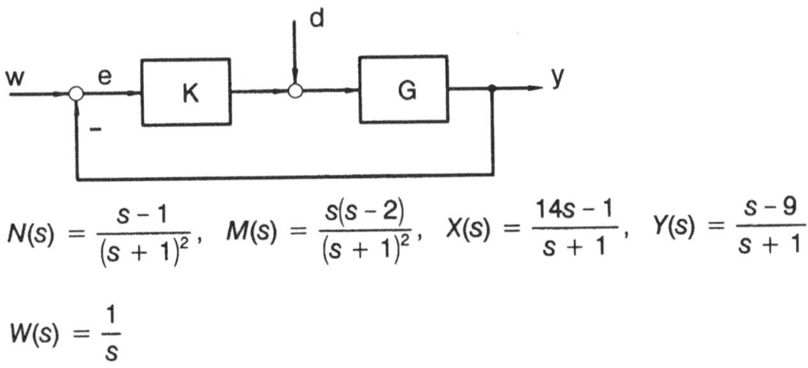

$$N(s) = \frac{s-1}{(s+1)^2}, \quad M(s) = \frac{s(s-2)}{(s+1)^2}, \quad X(s) = \frac{14s-1}{s+1}, \quad Y(s) = \frac{s-9}{s+1}$$

$$W(s) = \frac{1}{s}$$

a) Formulieren Sie das Modellabgleich-Problem für die Minimierung von $\| WGS \|_2$, d.h. wie lauten T und U in $WGS = T - UQ$.

b) Bestimmen Sie Q_{opt} für $\| T - UQ_{opt} \|_2 = \text{Min}$.

c) Welche Maßnahme ist geeignet, um aus Q_{opt} eine begrenzte Übertragungsfunktion zu erzeugen?

d) Wie lautet dann der (suboptimale) Regler $K(s)$?

10.4.1 Lösung

a) Die Übertragungsfunktion WGS (gewichtete Übertragungsfunktion von d nach y) lautet mit den koprimen Faktoren und dem Parameter Q geschrieben

$$WGS = WN(Y - NQ) = WNY - WN^2Q \ . \tag{10.11}$$

Vergleicht man den Ausdruck mit $T-UQ$, so findet man die Korrespondenzen $T = WNY$ und $U = WN^2$.

b) Da W einen Pol im Ursprung hat, muß das Produkt GS eine Nullstelle aufweisen, damit WGS insgesamt eine stabile Übertragungsfunktion werden kann. Der Term $GS = N(Y-NQ)$ muß also für $s = 0$ den Wert Null annehmen.

$$N(0)(Y(0) - N(0)Q(0)) \overset{!}{=} 0$$

Daraus folgt als Bedingung für

$$Q_0 := Q(0) = \frac{Y(0)}{N(0)} \ . \tag{10.12}$$

Um beliebige $Q(s)$ mit der Randbedingung $Q(0) = 0$ realisieren zu können, ist ein Ansatz der Form

$$Q(s) = Q_0 + sQ_1(s) \tag{10.13}$$

geeignet. Die Entwurfsaufgabe reduziert sich nun noch auf die Ermittlung von $Q_1(s)$. Setzt man (10.13) in (10.11) ein, so folgt

$$WGS = WNY - WN^2Q_0 - sWN^2Q_1 \ .$$

Durch Vergleich mit der Form $T - UQ_1$ findet man

$$\begin{aligned} T &= WN(Y - NQ_0) = WN(Y - 9N) \ , \\ U &= sWN^2 = N^2 \ . \end{aligned} \tag{10.14}$$

Einsetzen der einzelnen Übertragungsfunktionen W, N, Y und Q_0 in (10.14) führt auf

$$T = \frac{(s-1)(s-17)}{(s+1)^4} ,$$

$$U = \frac{(s-1)^2}{(s+1)^4} .$$

Die Lösung Q_{opt} ergibt sich nach (10.7) zu

$$Q_{1,opt} = U_{mp}^{-1}\left(U_{ap}^{-1}T\right)_{st} .$$

Die Zerlegung von U in einen Allpaß- und einen Minimalphasen-Anteil lautet

$$U = \frac{(s-1)^2}{(s+1)^4} = \underbrace{\frac{(s-1)^2}{(s+1)^2}}_{U_{ap}} \cdot \underbrace{\frac{1}{(s+1)^2}}_{U_{mp}} .$$

Damit kann $Q_{1,opt}$ bestimmt werden.

$$Q_{1,opt} = (s+1)^2\left(\frac{(s+1)^2}{(s-1)^2}\frac{(s-1)(s-17)}{(s+1)^4}\right)_{st}$$

$$= (s+1)^2\left(\frac{s-17}{(s-1)(s+1)^2}\right)_{st} = (s+1)^2\frac{4s^2+9s-13}{(s-1)(s+1)^2}$$

$$= 4s + 13$$

Die gesamte Übertragungsfunktion Q_{opt} lautet damit

$$Q_{opt} = Q_0 + Q_{1,opt} = 9 + s(4s+13) .$$

c) Man erkennt, daß die optimale Übertragungsfunktion Q_{opt} nicht verwirklicht werden kann. Die optimale Lösung kann jedoch beliebig genau durch die Übertragungsfunktion

$$Q_{subopt} = 9 + \frac{4s^2+13s}{(\tau s+1)^2}$$

angenähert werden, indem man τ gegen Null gehen läßt.

d) Mit dem Zahlenwert $\tau = 0.1$ erhält man durch Einsetzen von Q_{subopt} in die Reglerformel

$$K = \frac{X + MQ}{Y - NQ} = \frac{4.23s^4 + 9.55s^3 - 4.01s^2 - 5.2s - 1}{s(0.01s^3 - 3.97s^2 - 11.4s - 4)} \,.$$

Die Simulation der Regelung ist in Bild 10.3 dargestellt.

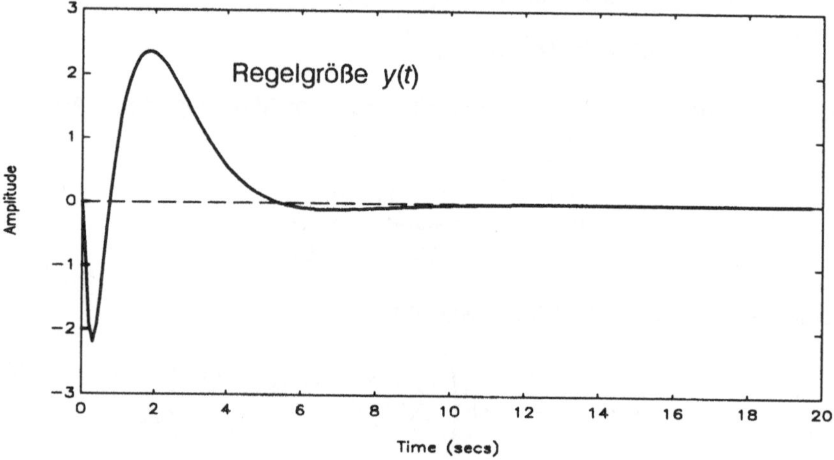

Bild 10.3: 2-Norm-optimale Regelung: Verlauf der Regelgröße bei einer sprungförmigen Störung d

11 Minimierung der ∞ – Norm

In diesem Kapitel wird ein Algorithmus zur Lösung des Modellabgleich-Problems

$$\gamma_0 = \min \| T - UQ \|_\infty$$

vorgestellt. Die ∞-Norm minimiert gemäß Tabelle 7.2 in Kap. 7.3.1 die 2-Norm/2-Norm-Systemverstärkung und damit das maximal mögliche Verhältnis der Energien bzw. Leistungen von Fehlergrößen zu Eingangsgrößen. Das Problem besteht darin, eine stabile Funktion $Q(s)$ zu ermitteln, die auf das Minimum der obigen ∞-Norm führt.

Von Tannenbaum [59] wurde 1981 gezeigt, daß sich das Minimierungsproblem auf eine Interpolationsaufgabe reduzieren läßt. Wir benötigen für die Lösung eine stabile, komplexe Funktion G, die an bestimmten Stellen vorgegebene Funktionswerte annimmt mit der Randbedingung

$$\| G \|_\infty \leq 1 \ .$$

Diese Teilaufgabe wird im folgenden Kapitel gelöst.

11.1 Nevannlinna-Pick-Interpolation

Die von den Mathematikern R. Nevannlinna und G. Pick entwickelte Interpolation wird im folgenden mit **NP** bezeichnet. Um von der eigentlichen Optimierungsaufgabe nicht zu weit abzuschweifen, soll der Algorithmus für die NP ohne Beweise angegeben werden. Wir benötigen zur Formulierung der Interpolationsaufgabe die Definitionen:

φ_C Menge aller stabilen, begrenzten, gebrochen rationalen Funktionen mit komplexen Koeffizienten.

$\{a_1, ..., a_n\}$ Menge von Punkten in $\mathbf{C}$ mit $\mathrm{Re}\{a_i\} > 0$, $i = 1, ..., n$

$\{b_1, ..., b_n\}$ Menge von beliebigen Punkten in $\mathbf{C}$ mit $|b_i| \leq 1$

Die NP löst das Problem:

> Bestimmung einer Funktion
>
> $$G \in \varphi_C \ ,$$
>
> so daß
>
> $$\| G \|_\infty \leq 1 \ ,$$
>
> $$G(a_i) = b_i \ , \qquad i = 1, \dots, n$$

$\| G \|_\infty \leq 1$ ist natürlich nur möglich, wenn für alle b_i die Ungleichung $|b_i| \leq 1$ erfüllt ist.

Die n Wertepaare

$$a_1, \dots, a_n$$
$$b_1, \dots, b_n$$

beschreiben das NP-Problem vollständig. Man definiert eine sogenannte Pick-Matrix $P \in \mathbf{C}^{n \times n}$ mit den Elementen

$$p_{ij} = \frac{1 - b_i \overline{b_j}}{a_i + \overline{a_j}} \ . \qquad (11.1)$$

Wie man leicht zeigen kann ist P eine hermitesche Matrix, d.h. es gilt $M = M^*$ (* = konjugiert komplex transponiert). Alle Eigenwerte einer hermiteschen Matrix sind reell [29]. Die Pick-Matrix bestimmt die Lösbarkeit des NP-Problems:

> Die *NP*-Interpolation ist dann und nur dann lösbar, wenn alle Eigenwerte von P positiven Realteil haben (P ist positiv definit). Man bezeichnet diese Forderung auch mit
>
> $$P \overset{!}{>} 0. \qquad (11.2)$$

11.1.1 NP für ein Wertepaar a_1, b_1

Grundsätzlich müssen zwei Fälle unterschieden werden:

1. $|b_1| = 1$
   Die einzige und eindeutige Lösung besteht in der Funktion $G(s) = b_1 = \text{const.}$
2. $|b_1| < 1$
   Es existieren unendlich viele Lösungen.

Im letzteren Fall lautet die Menge aller Lösungen

$$\left\{ G : G(s) = M_{-b_1}\left[G_1(s)A_{a_1}(s)\right], G_1 \in \varphi_c, \| G_1 \|_\infty \le 1 \right\} \tag{11.3}$$

Das Produkt $G_1(s)A_{a_1}(s)$ bildet das Argument von M_{-b_1}.

Hierbei ist $M_b(z)$ die Möbius-Transformation

$$M_b(z) := \frac{z-b}{1-z\overline{b}} \tag{11.4}$$

und $A_a(s)$ die Allpaß-Funktion

$$A_a(s) := \frac{s-a}{s+\overline{a}}, \quad \text{Re}\{a\} > 0 . \tag{11.5}$$

Eine wichtige Eigenschaft der Lösungsmenge (11.3) besteht darin, daß die Allpaßeigenschaft der Funktion G_1 in G erhalten bleibt:

> Wenn $G_1(s)$ eine Allpaß-Funktion ist, so ist $G(s)$ ebenfalls eine Allpaß-Funktion.

Die Gleichung (11.3) besteht aus zwei aufeinanderfolgenden Abbildungen:

1. $s \to G_1(s)A_{a_1}(s) = z$

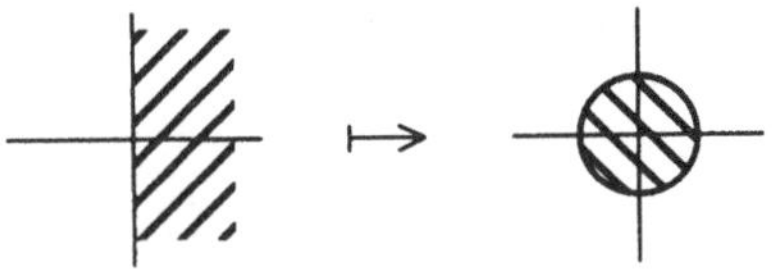

2. $z \to M_{-b_1}(z)$

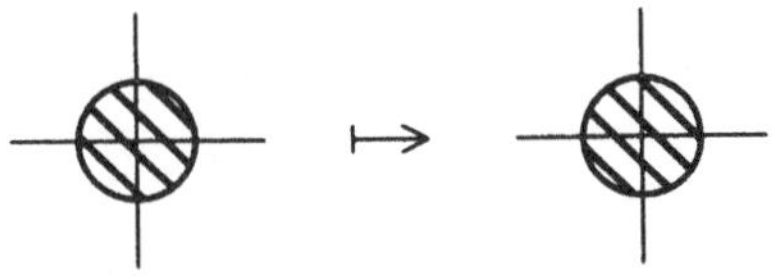

Die Abbildung 1 bildet die gesamte rechte Halbebene (= Definitionsbereich von s) in das Innere des Einheitskreises ab. Mit der zweiten Abbildung, der Möbius-Transformation, wird das Innere des Einheitskreises auf sich selbst abgebildet.

Die Abbildung in das Innere des Einheitskreises gewährleistet die Einhaltung der Forderung $\| G \|_\infty \leq 1$. Die Interpolation der Funktion an der Stelle a_1 ist eine Folge der speziellen Eigenschaften von A_{a_1} und M_{-b_1}:

$$G(a_1) = M_{-b_1}\left[G_1(a_1)A_{a_1}(a_1)\right] = M_{-b_1}[0] = b_1 \tag{11.6}$$

Das Argument von M_{-b_1} ist immer Null, da $A_{a_1}(a_1) = 0$ gilt und $G_1(a_1)$ für alle angenommenen a_i mit $\mathrm{Re}\{a_i\} > 0$ endlich ist.

11.1.2 Beispiel für NP

Gesucht wird eine Funktion $G(s)$ mit den Eigenschaften:

$$\| G \|_\infty < 1 \;,$$

$$G(a_1) = b_1 \;.$$

Die NP-Daten lauten:

$$a_1 = 2 \;,$$

$$b_1 = 0.6 \;.$$

Wir wählen willkürlich

$$G_1 = \frac{s-1}{s+1} \;, \qquad (\| G_1 \|_\infty = 1) \;.$$

Aus (11.3) folgt:

$$G(s) = \frac{G_1 \frac{s-2}{s+2} + 0.6}{1 + G_1 \frac{s-2}{s+2} 0.6} = \frac{\frac{s-1}{s+1}\frac{s-2}{s+2} + 0.6}{1 + \frac{s-1}{s+1}\frac{s-2}{s+2} 0.6}$$

$$= \frac{s^2 - 3s + 2 + 0.6(s^2 + 3s + 2)}{s^2 + 3s + 2 + 0.6(s^2 - 3s + 2)} = \frac{1.6s^2 - 1.2s + 3.2}{1.6s^2 + 1.2s + 3.2}$$

$$= \frac{s^2 - 0.75s + 2}{s^2 + 0.75s + 2}$$

Wie man leicht überprüfen kann, ist $\|G\|_\infty = 1$ und $G(2) = 0.6$.

Eine einfachere Lösung erhält man, wenn man für G_1 eine Konstante, beispielsweise $G_1 = 1$, einsetzt:

$$G(s) = \frac{G_1\frac{s-2}{s+2} + 0.6}{1 + G_1\frac{s-2}{s+2}0.6} = \frac{\frac{s-2}{s+2} + 0.6}{1 + \frac{s-2}{s+2}0.6}$$

$$= \frac{s-2+0.6(s+2)}{s+2+0.6(s-2)} = \frac{1.6s-0.8}{1.6s+0.8}$$

$$= \frac{2s-1}{2s+1}$$

11.1.3 NP für *n* Punkte

Nachdem das NP-Problem mit einem Wertepaar gelöst wurde, soll nun gezeigt werden, wie sich ein Satz von n Wertepaaren auf n–1 Wertepaare reduzieren läßt. Durch fortgesetzte Reduktion folgt daraus die Lösung für beliebig viele Datensätze. Auch hier sind zwei Fälle zu unterscheiden:

1. $|b_1| = 1$
   Die einzige und eindeutige Lösung besteht in der Funktion $G(s) = b_1 = \text{const.}$ Folglich muß für alle b_i gelten: $b_1 = b_2 = ... = b_n$. Dies folgt eindeutig aus dem Maximum-Modulus-Theorem (s. Kap. 9.1).
2. $|b_1| < 1$
   Das Problem kann auf n–1 Punkte reduziert werden. Die reduzierte Interpolation soll mit NP' bezeichnet werden und umfaßt die Wertemenge

   $$a_2, \ldots, a_n$$

   $$b_2', \ldots, b_n' \ .$$

   Die Werte b_i' berechnen sich wie folgt:

   $$b_i' = \frac{M_{b_1}(b_i)}{A_{a_1}(a_i)} \ . \qquad (11.7)$$

Die Menge aller Lösungen für das *NP*-Problem ist

$$G(s) = M_{-b_1}\left[G_1(s)A_{a_1}(s)\right] \ . \qquad (11.8)$$

$G_1(s)$ ist dabei die Lösung für NP'.

Gilt für $G_1(a_i) = b_i' = \dfrac{M_{b_1}(b_i)}{A_{a_1}(a_i)}$, so folgt durch Einsetzen in (11.8) $G(a_i) = b_i$, da M_{b_1} die inverse Möbius-Transformation zu M_{-b_1} ist:

$$M_{b_1} = M_{-b_1}{}^{-1} = \frac{z - b_1}{1 - z\overline{b_1}} . \tag{11.9}$$

11.1.4 Beispiel: NP für 2 Wertepaare

Gesucht wird eine (möglichst einfache) Funktion $G(s)$, die mit den bekannten Randbedingungen die Wertepaare

$$(a_1,\ b_1) = \left(1,\ \frac{1}{2}\right) \qquad (a_2,\ b_2) = \left(2,\ \frac{1}{3}\right)$$

interpoliert. Aus Gründen der einfacheren Rechenbarkeit soll auf ein Beispiel mit komplexen Werten verzichtet werden. Man erhält für die Pick-Matrix gemäß (11.1)

$$P = \begin{bmatrix} \frac{3}{8} & \frac{5}{18} \\ \frac{5}{18} & \frac{2}{9} \end{bmatrix} .$$

Die Eigenwerte von P lauten 0.5867 und 0.0105. Da der kleinste Eigenwert größer als Null ist, ist in diesem Fall NP lösbar. Zunächst reduzieren wir das Problem auf ein Wertepaar

$$a_2 = 2$$

$$b_2' = \frac{M_{b_1}(b_2)}{A_{a_1}(a_2)} = \frac{\frac{b_2 - b_1}{1 - b_2\overline{b_1}}}{\frac{a_2 - a_1}{a_2 + \overline{a_1}}} = -0.6 .$$

Die denkbar einfachste Funktion $G_2(s)$ ist $G_2 = 1$ (G_2 ist Allpaß mit $\| G_2 \|_\infty = 1$). Man erhält nach (11.8)

$$G_1(s) = M_{-b_2'}\left[G_2 A_{a_2}(s)\right]$$

$$= \frac{\frac{s-a_2}{s+\overline{a_2}} + b_2'}{1 + \frac{s-a_2}{s+\overline{a_2}}\overline{b_2'}} = \frac{\frac{s-2}{s+2} - 0.6}{1 - \frac{s-2}{s+2}0.6} = \frac{s-8}{s+8} .$$

Setzt man G_1 in die Interpolationsformel für die Punkte a_1, b_1 ein, so folgt

$$G(s) = M_{-b_1}\left[G_1 A_{a_1}(s)\right] = \frac{G_1 \frac{s-a_1}{s+\bar{a}_1} + b_1}{1 + G_1 \frac{s-a_1}{s+\bar{a}_1}\bar{b}_1}$$

$$= \frac{\frac{s-8}{s+8}\frac{s-1}{s+1} + \frac{1}{2}}{1 + \frac{s-8}{s+8}\frac{s-1}{s+1}\frac{1}{2}} = \frac{s^2 - 3s + 8}{s^2 + 3s + 8} .$$

Offensichtlich gilt $\| G_2 \|_\infty = \| G_1 \|_\infty = \| G \|_\infty = 1$. Dem skeptischen Leser bleibt es überlassen, die Funktionswerte an den Interpolationspunkten 1 und 2 zu überprüfen.

11.2 Lösung des Modellabgleich-Problems für $\| T - UQ \|_\infty$ durch NP

Die Berechnung eines ∞-Norm-optimalen Reglers kann auf das Modellabgleich-Problem

$$\| T - UQ \|_\infty \leq \gamma$$

zurückgeführt werden. Gesucht wird eine stabile Übertragungsfunktion $Q(s)$, die die ∞-Norm der Differenz $T - UQ$ minimiert. Der minimale Modellfehler wird als γ_{opt} bezeichnet. Wir definieren die Funktion

$$G := \frac{1}{\gamma}(T - UQ) , \tag{11.10}$$

die aufgrund der als stabil angenommenen Funktionen T, U und Q ebenfalls stabil sein muß. Umgekehrt ist die zu bestimmende Funktion Q (in Abhängigkeit von den Nullstellen von U) aber nur dann eine stabile Übertragungsfunktion, wenn G ganz bestimmte Bedingungen erfüllt:

> $\{z_i : i = 1, ..., n\}$ seien die Nullstellen mit $\mathrm{Re}\{z_i\} > 0$ von U. Dann muß für $G(s)$ an allen Punkten z_i gelten:
>
> $$G(z_i) = \frac{1}{\gamma}T(z_i), \quad i = 1,\ldots,n \tag{11.11}$$

Da mit der NP jeweils nur Funktionen G bestimmt werden können, für die $\| G \|_\infty \leq 1$ gilt, erfolgt die Skalierung bzw. Normierung der Gleichungen (11.10) und (11.11) mit dem Faktor γ. Die Berechnung der optimalen Funktion Q für

$$\gamma_{opt} = \| T - UQ \|_\infty$$

erfolgt in zwei Schritten:

1. Berechnung des minimalen Wertes der Norm $\| T - UQ \|_\infty$, γ_{opt} .
2. Berechnung der optimalen Funktion Q bei bekanntem γ_{opt} .

Man erkennt, daß (11.11) exakt der NP-Aufgabe entspricht.

> Nevannlinna-Pick-Interpolation mit den Wertepaaren
>
> $$a_1, \ldots, a_n$$
>
> $$\frac{b_1}{\gamma}, \ldots, \frac{b_n}{\gamma} \tag{11.12}$$
>
> Dabei sind die $a_i = z_i$ (Nullstellen von U) und die $b_i = T(z_i)$.

Die Pick Matrix läßt sich als

$$P = A - \gamma^{-2} B \ , \quad (A, B \text{ hermitesch}) \tag{11.13}$$

schreiben (s. Definition (11.1)). Dabei sind die Elemente von A bzw. B

$$a_{ij} = \frac{1}{a_i + \overline{a_j}} \quad \text{bzw.} \quad b_{ij} = \frac{b_i \overline{b_j}}{a_i + \overline{a_j}} \ . \tag{11.14}$$

Für die Nullstellen a_i gilt grundsätzlich $\mathrm{Re}\{a_i\} > 0$. Wenn wir zusätzlich fordern, daß alle a_i verschieden sind, so gilt $A > 0$ (A ist positiv definit). Für diese Matrix ist auch die Matrix $A^{\frac{1}{2}}$ (der "Wurzel" aus A) positiv definit. Die Berechnung von $A^{\frac{1}{2}}$ kann z.B. mit Hilfe der Eigenvektor/Eigenwert-Zerlegung

$$A = VDV^{-1}$$

erfolgen. Dabei ist V die Matrix der Eigenvektoren und D eine Diagonalmatrix mit den Eigenwerten. Die Wurzel einer Diagonalmatrix berechnet sich einfach aus den Wurzeln der Diagonalelemente. Durch Vergleich der Definition von $A^{\frac{1}{2}}$ mit den Umformungen

$$A^{\frac{1}{2}}A^{\frac{1}{2}} := A = VDV^{-1} = VD^{\frac{1}{2}}D^{\frac{1}{2}}V^{-1} = VD^{\frac{1}{2}}V^{-1}VD^{\frac{1}{2}}V^{-1}$$

folgt für

$$A^{\frac{1}{2}} = VD^{\frac{1}{2}}V^{-1} \ .$$

Aufgrund der Struktur von $P = A - \gamma^{-2}B$ folgen die Aussagen:

1. Für $\gamma \to \infty$ gilt $P = A$ und somit $P > 0$.
2. Es gibt eine untere Grenze für γ, ab der P nicht mehr positiv definit ist.

Diese Grenze ist das optimale γ (Pick-Theorem (11.2)):

γ_{opt}, der minimale Wert für $A - \gamma^{-2}B \geq 0$, lautet

$$\gamma_{opt} = \sqrt{\lambda_{\max}\left[A^{-\frac{1}{2}}BA^{-\frac{1}{2}}\right]} \qquad (11.15)$$

(ohne Beweis)

$\lambda_{\max}$ bezeichnet den größten (reellen) Eigenwert.

11.2.1 Algorithmus zur Berechnung $Q(s)$ für $\min \| T - UQ \|_\infty$

Mit der Kenntnis von γ_{opt} läßt sich der Algorithmus zur Berechnung des optimalen $Q(s)$ angeben:

1. Bestimmung der Nullstellen mit positivem Realteil von U

$$z_i, \quad i = 1, \ldots, n \ .$$

2. Berechnung der (komplexen) Funktionswerte von T an den Stellen z_i

$$b_i = T(z_i), \quad i = 1, \ldots, n \ .$$

3. Die n x n-Matrizen A und B ergeben sich nach der Berechnungsvorschrift

$$A: \ a_{ij} = \frac{1}{z_i + \bar{z}_j}, \qquad B: \ b_{ij} = \frac{b_i\bar{b}_j}{z_i + \bar{z}_j} \ .$$

4. Der minimale Wert der Norm $\| T - UQ \|_\infty$ lautet

$$\gamma_{opt} = \sqrt{\lambda_{max}\left[A^{-\frac{1}{2}}BA^{-\frac{1}{2}}\right]} \; .$$

5. Lösung des NP-Problems für die Daten

$$\begin{matrix} z_1 & \dots & z_n \\ \gamma_{opt}^{-1}b_1 & \dots & \gamma_{opt}^{-1}b_n \end{matrix}$$

   Die Interpolation liefert $G(s)$ mit

$$\| G \|_\infty \leq 1, \quad G \in \varphi \; .$$

6. Die optimale Funktion $Q(s)$ lautet

$$Q = \frac{T - \gamma_{opt}G}{U} \; .$$

   Da sowohl $T - \gamma_{opt}G$ als auch U die gleichen Nullstellen mit positivem Realteil besitzen, erfüllt $Q(s)$ die Forderung nach Stabilität (durch Pol-/Nullstellenkürzung). Man kann Q als die beste stabile Approximation von T durch UQ im Sinne der ∞-Norm auffassen.

11.3 Übungsbeispiel: ∞ – Norm – optimale Regelung einer instabilen Strecke

∞-Norm-Minimierung der gewichteten Empfindlichkeitsfunktion *WS* für die instabile Strecke $G(s) = \dfrac{s-2}{(s+2)(s-1)}$

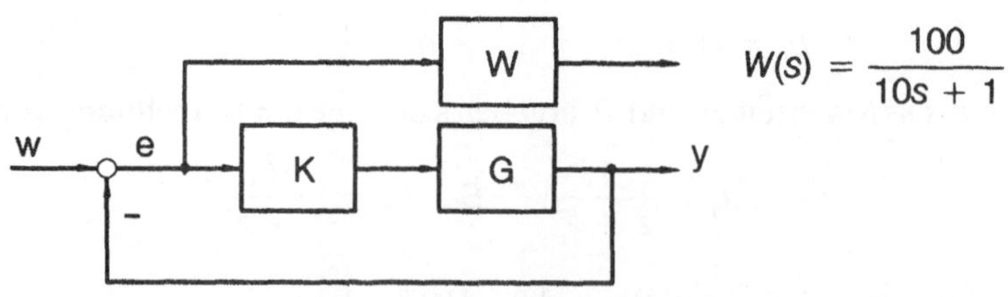

Bild 11.1: Geschlossener Kreis mit Gewichtsfunktion W

a) Welche Eigenschaften werden mit der Straffunktion $W(s)$ festgelegt?

b) Stellen Sie eine koprime Zerlegung von $G(s)$ auf.

c) Wie lauten $T(s)$ und $U(s)$ in der Gleichung $WS = T\text{-}UQ$?

d) Bestimmen Sie den minimalen Wert γ_{opt} für $\| T - UQ \|_\infty = \text{Min.}$

e) Berechnen Sie die optimale Funktion $G(s) := T - UQ$ und damit $Q_{opt}(s)$ durch Nevannlinna-Pick-Interpolation.

f) Wie lautet der (realisierbare) Regler $K(s)$ für $\| WS \|_\infty = \underset{K(s)}{\text{Min.}}$?

g) Erläutern Sie die Unterschiede zwischen $\gamma_{opt} W^{-1}(j\omega)$ und $S(j\omega)$ in dem folgenden Bode-Diagramm (Bild 11.2) .

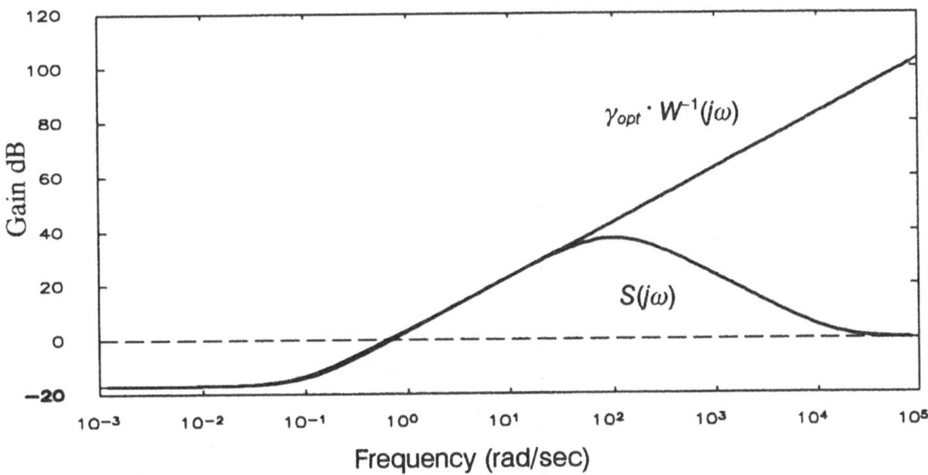

Bild 11.2: Bode-Diagramme von $S(j\omega)$ und der inversen Gewichtsfunktion

11.3.1 Lösung gemäß Kap. 11.2.1

a) Das Minimum der ∞-Norm ist γ_{opt} . Da für $\gamma_{opt} = \min \| WS \|_\infty$ die Funktion $WS(j\omega)$ eine Allpaßfunktion ist $(|WS(j\omega)| = 1 \;\; \forall \omega)$, folgt zwangsläufig

$$|S(j\omega)| = \frac{\gamma_{opt}}{|W(j\omega)|} \; .$$

Die Funktion $|S(j\omega)|$ verläuft somit proprotional zum Kehrwert von $|W(j\omega)|$. Mit $W(s)$ wird praktisch das Bode-Diagramm des geschlossenen Kreises vorgegeben. Der Regelfehler bei sinusförmigen Sollwerten ist dann immer kleiner als $\frac{\gamma_{opt}}{100}$ %.

b) Die koprime Faktorisierung nach dem Algorithmus in Kap. 8.5.1 lautet

$$N(s) = \frac{s-2}{(s+1)^2}, \qquad M(s) = \frac{s^2+s-2}{(s+1)^{-1}},$$

$$X(s) = \frac{-\frac{11}{4}s - \frac{21}{4}}{s+1}, \qquad Y(s) = \frac{s+\frac{19}{4}}{s+1}.$$

Es gilt für das Produkt $NX + MY = 1$.

c) $WS = WM(Y - NQ) = WMY - WMNQ := T - UQ$

Daraus folgt für $T = WMY = \frac{100}{10s+1}\frac{(s+2)(s-1)}{(s+1)^2}\frac{s+\frac{19}{4}}{s+1}$ und für

$$U = WMN = \frac{100}{10s+1}\frac{(s+2)(s-1)}{(s+1)^2}\frac{s-2}{(s+1)^2}.$$

d) Die Nullstellen von U liegen bei $z_1 = a_1 = 1$ und $z_2 = a_2 = 2$. Die Werte der Übertragungsfunktion T an diesen Stellen sind

$$b_1 = T(z_1) = 0, \qquad b_2 = T(z_2) = 4.7619.$$

Die Matrix A setzt sich aus den Werten der Nullstellen z_i zusammen

$$a_{ij} = \frac{1}{z_i + \overline{z}_j}, \qquad A = \begin{bmatrix} \frac{1}{2} & \frac{1}{3} \\ \frac{1}{3} & \frac{1}{4} \end{bmatrix}.$$

Man erhält für

$$A^{\frac{1}{2}} = \begin{bmatrix} 3.1439 & -2.8489 \\ -2.8489 & 5.2805 \end{bmatrix}.$$

Die Matrix B lautet

$$b_{ij} = \frac{b_i \bar{b}_j}{a_i + \bar{a}_j} \,, \qquad B = \begin{bmatrix} 0 & 0 \\ 0 & 5.6689 \end{bmatrix} .$$

Das Minimum der ∞-Norm ist somit

$$\gamma_{opt} = \sqrt{\lambda_{max}\left[A^{-\frac{1}{2}} B A^{-\frac{1}{2}}\right]} = 14.2857 \ .$$

e) Die NP-Daten sind:

	1	2
	$\dfrac{b_1}{\gamma_{opt}} = 0$	$\dfrac{b_2}{\gamma_{opt}} = 0.33333$
Reduktion:	$a_2 = 2$	

$$b_2{}' = \frac{M_{b_1}(0.3333)}{A_{a_1}(a_2)} = 1$$

Der Wert $b_2 = 1$ kann nur mit der Funktion $G_1(s) = 1$ erfüllt werden (s. Kap. 11.1.3). Die gesuchte Interpolationsfunktion $G(s)$ ist dann nach (11.8):

$$G(s) = M_{-b_1}\left[G_1 A_{a_1}(s)\right] = \frac{s - 1}{s + 1} \ .$$

Diese Übertragungsfunktion hat den Betrag Eins für $s = j\omega$ und interpoliert die NP-Daten.

Nach Kap. 11.2.1 ist

$$Q_{opt} = \frac{T - \gamma_{opt} G}{U} = -\frac{1.429s^3 + 6.286s^2 + 9.536s + 4.679}{s + 2} \ .$$

f) Q_{opt} und damit der Regler K_{opt} sind nicht realisierbar. Es kann die optimale Lösung jedoch beliebig genau durch die Übertragungsfunktion

$$Q_{supopt} = -\frac{1.429s^3 + 6.286s^2 + 9.536s + 4.679}{(s + 2)(\tau s + 1)^2} \ .$$

für $\tau \to 0$ approximiert werden. Für den Regler erhält man mit $\tau = 0.1$:

$$K_{supopt} = \frac{X + MQ_{supopt}}{Y - NQ_{subopt}}$$

$$= -\frac{1.456s^5 + 8.399s^4 + 18.627s^3 + 19.498s^2 8.957s + 1.143}{0.01s^5 + 1.706s^4 + 6.141s^3 + 8.059s^2 + 3.757s + 0.143} \; .$$

In Bild 11.3 wurde der Verlauf des Regelfehlers für einen Sollwertsprung simuliert.

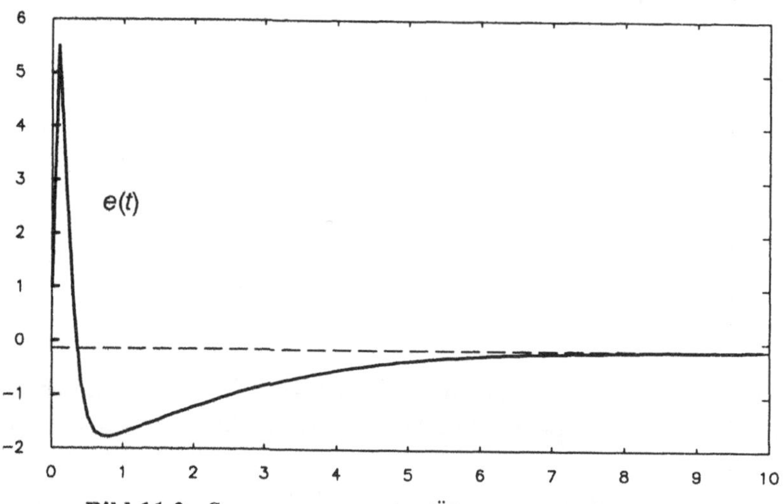

Bild 11.3: Sprungantwort der Übertragungsfunktion $S(s)$.

g) $S(j\omega)$ muß aus physikalischen Gründen für hohe Frequenzen immer gegen Eins gehen und kann deshalb mit $\gamma_{opt}W^{-1}(j\omega)$ nicht über den gesamten Frequenzbereich übereinstimmen. Dies ist auch der Grund dafür, daß $Q_{opt}(s)$ nicht realisierbar ist. Durch den Doppelpol in Q_{subopt} ergeben sich die Abweichungen im Bode-Diagramm. Eine plausiblere Wahl der Gewichtsfunktion W hätte zu einer Übereinstimmung von $\gamma_{opt}W^{-1}(j\omega)$ und $S(j\omega)$ führen können.

12 Berechnung 2- und ∞-Norm-optimaler Regler im Zustandsraum (H_2-/H_∞-Regler)

Die durch Minimierung der 2- und ∞-Normen entstandenen Regelungen werden häufig auch als H_2- bzw. H_∞-optimale Regelungen bezeichnet. Der Buchstabe "H" steht für Hardy-Raum [20]. Der Raum besteht aus der Menge aller Funktionen $F(s)$ der komplexen Variable s, die analytisch in der rechten Halbebene sind und deren 2-Norm (für H_2) bzw. ∞-Norm (für den Raum H_∞) endlich sind. Sofern Übertragungsfunktionen Element von H_2 bzw. H_∞ sind, bezeichnet man Ihre Normen auch als H_2-Norm bzw. H_∞-Norm.

Wendet man die in den vorangegangenen Kapiteln beschriebenen 2- und ∞-Norm-optimalen Regler für Eingrößenstrecken auf die Minimierung von $S(s)$ für die Strecke

$$G(s) = \frac{1}{s+1}$$

an, so entstehen Regler mit unendlicher Verstärkung.

Die koprime Faktorisierung liefert

$$N = G\ , \quad M = 1\ , \quad X = 0\ , \quad Y = 1\ .$$

Die Übertragungsfunktion S lautet mit dem Parameter Q geschrieben

$$S = M(Y - NQ) = 1 - \frac{1}{s+1}Q\ .$$

Auf die Form $T - UQ$ gebracht erhält man

$$T = 1\ , \quad U = \frac{1}{s+1}\ .$$

Der optimale Parameter Q_{opt} ist gemäß (10.7) aus Kap. 10:

$$Q_{opt} = U_{mp}^{-1}(U_{ap}^{-1}T)_{st} = U^{-1}T = s + 1 \ , \qquad (U_{ap} = 1 \ , \ U_{mp} = U) \ .$$

Dies ist auch der optimale Parameter für die ∞-Norm-optimale Regelung, da U keine Nullstellen in der rechten Halbebene aufweist. Für beide Regler folgt

$$K = \frac{Q}{1 - GQ} = \frac{s + 1}{1 - 1} \Rightarrow \infty \ .$$

Die Lösung ist plausibel, da ja mit einem Regler unendlicher Verstärkung die Normen der Übertragungsfunktion S gegen Null gehen und der geschlossene Kreis stabil ist. Dieses Beispiel zeigt, daß nicht für alle Strecken die Lösung für den Eingrößenfall zu einer brauchbaren Lösung führt.

> Für Regelstrecken ohne Nullstellen in der rechten Halbebene führen die Norm-optimalen Reglerentwürfe im Eingrößenfall auf Regler mit unendlicher Verstärkung.

Ein realistischer Reglerentwurf muß die Stellgröße und/oder die Empfindlichkeit auf Meßwertstörungen berücksichtigen.

> Die Einbeziehung von Stellgrößen und anderen Entwurfszielen in den Entwurf führt auch bei SISO-Strecken auf Mehrgrößenstrukturen.

Somit unterscheidet sich der Entwurf von Ein- und Mehrgrößenstrecken nicht mehr voneinander. Der Entwurf erfolgt zweckmäßigerweise im Zustandsraum, da Mehrgrößensysteme durch die Zustandsraumbeschreibung effizienter beschrieben werden als in Form von Übertragungsmatrizen. Darüber hinaus basieren alle numerisch stabilen Algorithmen zur Berechnung 2- und ∞-Norm-optimaler Regler auf einer Beschreibung im Zustandsraum. Zunächst wird jedoch auf die Definition der Normen im Mehrgrößenfall und ihre Berechnung eingegangen.

12.1 Berechnung der 2-Norm von Mehrgrößenstrecken

Im Mehrgrößenfall wird $G(t)$ eine Matrix (=Matrix der Impulsantworten). Es bestehen mehrere Möglichkeiten, die Definition der 2-Norm auf Mehrgrößensysteme zu erweitern [63].

$$\| G \|_2 := \sqrt{\mathrm{Spur}\left[\int_{-\infty}^{\infty} GG^T dt\right]} \tag{12.1}$$

$$\text{oder} \quad \| G \|_2 := \sqrt{\lambda_{max}\left[\int_{-\infty}^{\infty} GG^T dt\right]} \tag{12.2}$$

$$\text{oder} \quad \| G \|_2 := \sqrt{d_{max}\left[\int_{-\infty}^{\infty} GG^T dt\right]} \tag{12.3}$$

(d_{max} = maximales Element der Hauptdiagonalen)

Die Matrix GG^T ist eine quadratische Matrix, deren Elemente aus Produkten der Impulsantworten bestehen. Die Definition (12.1) bezeichnet man als 2-Norm von G, obwohl es sich im mathematischen Sinn nicht um eine sogenannte Operator-Norm handelt [63]. Die 2-Norm ist anschaulich die Summe der Energien aller Impulsantworten. Die Definitionen (12.2) und (12.3) stellen ebenfalls sinnvolle Normen dar, jedoch existieren keine einfachen Lösungen für deren Minimierung.

Die Impulsantwort für eine Mehrgrößenstrecke lautet

$$G(t) = Ce^{At}B \ . \tag{12.4}$$

Dabei ist e^{At} die sogenannte Transitionsmatrix, die den Verlauf der Zustandsgrößen bei einer gegebenen Anfangsbedingung ohne äußere Einwirkungen $x(t=0) = x_0$ beschreibt.

$$x(t) = e^{At}x_0$$

Die Matrix e^{At} läßt sich leicht über eine Reihenentwicklung der Exponentialfunktion berechnen

$$e^{At} = I + \frac{1}{1!}At + \frac{1}{2!}(At)^2 + \frac{1}{3!}(At)^3 + \dots .$$

Die Transponierte von (12.4) ist

$$G^T(t) = \left(Ce^{At}B\right)^T = B^T\left(Ce^{At}\right)^T = B^T e^{A^T t} C^T . \tag{12.5}$$

Mit (12.4) und (12.5) kann die Definition (12.1) wie folgt geschrieben werden:

$$\| G \|_2^2 = \text{Spur}\left[\int_{-\infty}^{\infty} GG^T dt\right] = \text{Spur}\left[\int_{-\infty}^{\infty} Ce^{At}BB^Te^{A^Tt}C^T dt\right]$$

$$= \text{Spur}\left[C \underbrace{\int_{-\infty}^{\infty} e^{At}BB^Te^{A^Tt}dt}_{\text{Steuerbarkeits-Gramsche } G_S} C^T\right] \tag{12.6}$$

Die Spur von GG^T ist mit der Spur von G^TG identisch. Somit existiert eine duale Form zu (12.6).

$$\| G \|_2^2 = \text{Spur}\left[\int_{-\infty}^{\infty} G^TG dt\right] = \text{Spur}\left[\int_{-\infty}^{\infty} B^Te^{A^Tt}C^TCe^{At}B dt\right]$$

$$= \text{Spur}\left[B^T \underbrace{\int_{-\infty}^{\infty} e^{A^Tt}C^TCe^{At}dt}_{\text{Beobachtbarkeits-Gramsche } G_B} B\right] \tag{12.7}$$

Die Steuerbarkeits- und Beobachbarkeits-Gramschen sind die Lösungen der Lyapunov-Gleichungen

$$AG_S + G_SA^T + BB^T = 0 , \tag{12.8}$$

$$A^TG_B + G_BA + C^TC = 0 . \tag{12.9}$$

Zur Lösung der Lyapunov-Gleichungen existieren effiziente Algorithmen in mathematischen und regelungstechnischen Bibliotheken (z.B. [44]). Die 2-Norm im Mehrgrößenfall berechnet sich dann wie folgt:

$$\| G \|_2 = \sqrt{\mathrm{Spur}\left[C G_S C^T \right]} \tag{12.10}$$

$$\| G \|_2 = \sqrt{\mathrm{Spur}\left[B^T G_B B \right]} \tag{12.11}$$

12.2 Berechnung der ∞ – Norm von Mehrgrößenstrecken

Die Bestimmung der ∞-Norm für Systeme mit mehreren Ein- und Ausgangsgrößen erfordert eine Erweiterung des Betragsbegriffes auf Matrizen. Für jede Matrix $K \in \mathbf{C}^{m \times n}$ existieren orthogonale Matrizen $U \in \mathbf{C}^{m \times m}$ und $V \in \mathbf{C}^{n \times n}$ ($U^T U = I_m$, $V^T V = I_n$), so daß das Produkt

$$U^T K V = \begin{bmatrix} \sigma_1 & & & & 0 \\ & \sigma_2 & & & \\ & & \sigma_3 & & \\ & 0 & & \ddots & \\ & & & & \sigma_p \end{bmatrix}, \qquad \sigma_i \in \mathbf{R} \tag{12.12}$$

$$\sigma_1 \geq \sigma_2 \geq \sigma_3 \geq \ldots \sigma_p \,, \qquad p = \min\{m, n\}$$

eine reelle Diagonalmatrix ergibt. Die reellen Werte σ_i sind die singulären Werte der Matrix K. Sie bilden die Radien eines Hyperelypsoids

$$E = \left\{ |y| \;\middle|\; y = Kx, \, |x| = 1 \right\} .$$

Man bezeichnet (12.12) als **SVD** (**S**ingular **V**alue **D**ecomposition). Die singulären Werte geben an, um welchen Faktor sich ein Vektor x durch die Abbildung an der Matrix Ax in der *Länge* ändert. Im Gegensatz zu den Eigenwerten λ_i kann sich dabei die *Richtung* des Vektors ändern.Wie auch bei den Eigenwerten gilt:

$$\left| \det[A] \right| = \prod_{i=1}^{n} \sigma_i = \prod_{i=1}^{n} |\lambda_i| \; . \tag{12.13}$$

Die singulären Werte charakterisieren das “Verstärkungsverhalten” einer Matrix besser als die Eigenwerte, denn die größte bzw. kleinste Längenänderung erfolgt nicht zwangsläufig auch in der Richtung des Eingangsvektors x. Dies kommt durch die Eigenschaft

$$\sigma_1 \geq |\lambda_{max}| \;, \qquad \sigma_p \leq |\lambda_{min}| \tag{12.14}$$

zum Ausdruck. σ_1 ist der größte Singularwert von K und wird mit $\bar{\sigma}$ bezeichnet. Er beschreibt die maximal mögliche Längenänderung eines Vektors durch Abbildung an einer Matrix und kann als Verallgemeinerung des Betrags von Skalaren aufgefaßt werden.

Der größte singuläre Wert einer Matrix ist das Supremum

$$\| K \|_\infty := \bar{\sigma}\,[K] = \frac{|Kx|}{|x|} \tag{12.15}$$

Mit (12.15) kann die ∞-Norm analog zum Eingrößenfall als das Supremum über alle Frequenzen definiert werden:

$$\boxed{\| G \|_\infty := \sup_{\omega} \bar{\sigma}\,[G(j\omega)] \;.} \tag{12.16}$$

Obwohl $G(j\omega)$ eine komplexe Matrix ist, sind alle Singulärwerte von $G(j\omega)$ reell.

Man könnte $\bar{\sigma}\,[G(j\omega)]$ für viele Werte von ω ausrechnen und das Maximum als $\| G \|_\infty$ annehmen. Es besteht dann allerdings die Gefahr, daß man den Frequenzbereich ausläßt, in dem das Maximum von $|G(j\omega)|$ tatsächlich auftritt. Das Supremum muß zwar in einem iterativen Prozeß bestimmt werden; es ist allerdings vorteilhaft, direkt den größten singulären Wert zu bestimmen. Das von Boyd [5] bzw. Doyle [18] vorgeschlagene Verfahren bestimmt die Norm einer Übertragungsfunktion iterativ über einen Parameter γ, der mit dem Wert der ∞-Norm identisch ist.

Man geht von einer Zustandsdarstellung einer stabilen, begrenzten Übertragungsfunktion

$$G = [A, B, C, D]$$

aus und skaliert G mit γ:

$$\gamma^{-1} G = [A, \gamma^{-1} B, C, \gamma^{-1} D] \;. \tag{12.17}$$

Es wird die folgende Beziehung

$$\bar{\sigma}\,[K] = \sqrt{\lambda_{max}[K^T K]} \tag{12.18}$$

zwischen maximalem Eigenwert und dem größten singulären Wert ausgenutzt, um $\bar{\sigma}$ von G zu finden. Wenn $\gamma = \sup_{\forall\omega} \bar{\sigma}\left[G(j\omega)\right]$ gilt, so muß es irgendeinen Eigenvektor x geben, so daß

$$x\lambda_{max} = G^*(j\omega)G(j\omega)x \ ,$$

$$x\gamma^2 = G^*(j\omega)G(j\omega)x \tag{12.19}$$

erfüllt ist. Da $G^*(j\omega)G(j\omega)$ immer positiv semidefinit ist, muß $\mathrm{Re}\{\lambda_{max}\} > 0$ sein. Die Gl. (12.19) kann man in der Form

$$\left(I - \gamma^{-2}G^*G\right)x = 0 \tag{12.20}$$

schreiben. Damit (12.20) für irgendein $x \neq 0$ erfüllt wird, muß $\gamma^2 I - G^*G$ auf der imaginären Achse $(j\omega)$ singulär werden. Gleichbedeutend damit ist die Aussage, daß

$$\left[\gamma^2 I - G^*G\right]^{-1} \tag{12.21}$$

einen Pol auf der imaginären Achse aufweisen muß. Es läßt sich zeigen (z.B. aus (12.22)), daß für $\gamma \to \infty$ alle Pole von (12.21) bei denen von A und $-A$ liegen. Verkleinert man γ, so wird bei $\gamma = \bar{\sigma}\left[G(j\omega)\right]$ der Realteil mindestens eines Pols von (12.21) gleich Null. Es genügt also, die Realteile der Pole von (12.21) zu überprüfen.

> Der kleinste Wert von γ, für den alle Pole einen Realteil ungleich Null aufweisen, ist damit identisch mit der ∞-Norm von G.

Mit den im Anhang B aufgeführten Gleichungen zur Rechnung mit Zustandsbeschreibungen folgt für die A-Matrix $A_{\gamma^2 I - G^*G}$ von (12.21):

$$A_{\gamma^2 I - G^*G} = \begin{bmatrix} A + BR^{-1}D^TC & -BR^{-1}B^T \\ C^T(I + DR^{-1}D^T)C & -(A + BR^{-1}D^TC)^T \end{bmatrix} . \tag{12.22}$$

$$R = \gamma^2 I - D^T D$$

Diese Matrix ist eine Hamilton-Matrix, die Eigenwerte liegen also spiegelsymmetrisch zur imaginären Achse. Die Berechnung der Eigenwerte von (12.22) und damit der Pole von (12.21) ist ein Standardproblem der numerischen Mathematik.

Das Diagramm in Bild 12.1 zeigt für das Beispiel

$$G = \left[\begin{bmatrix} 0 & 1 \\ -39.478 & -1.257 \end{bmatrix}, \begin{bmatrix} 0 \\ 39.478 \end{bmatrix}, \begin{bmatrix} 1 & 0 \end{bmatrix}, \begin{bmatrix} 0 \end{bmatrix}\right]$$

(schwingungsfähige PT_2–Strecke) den stetigen Verlauf des Abstands der Eigenwerte zur imaginären Achse als Funktion des Parameters γ.

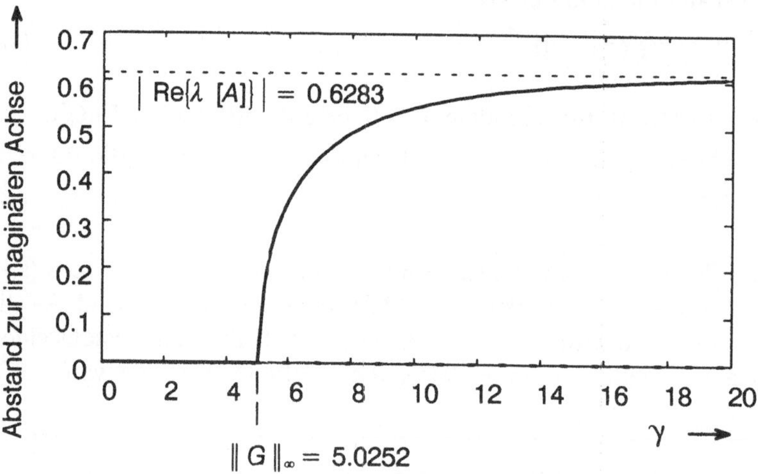

Bild 12.1: Abstand der Eigenwerte zur imaginären Achse

Man erkennt, daß sich die ∞–Norm leicht anhand des stetigen Verlaufs des Abstands von der imaginären Achse ermitteln läßt.

12.3 Berechnung Norm–optimaler Regler im Zustandsraum

Man kann die Entwurfsaufgabe unabhängig von der gewählten Norm darstellen.

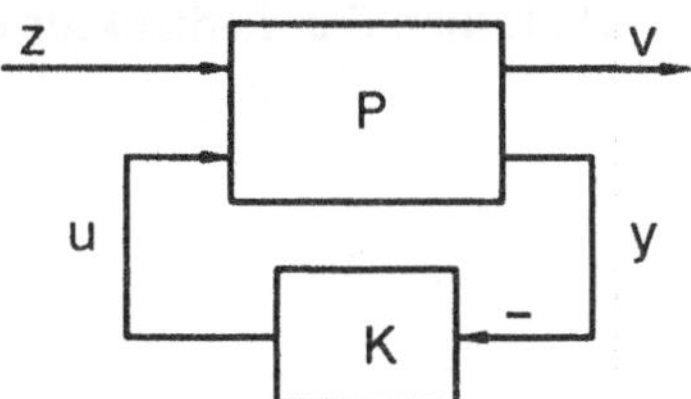

Bild 12.2: Formulierung der Entwurfsaufgabe

Jedes Entwurfsproblem kann auf die Form von Bild 12.2 gebracht werden. Die Größen y, v, u und z können nun beliebige Dimensionen haben. Die Signale haben folgende Bedeutung:

z:	Anregung, Störung, Sollwerte
v:	Fehlergrößen, die möglichst kleine Werte annehmen sollen: Regelfehler, Stellgrößen usw.
u, y:	Aus- bzw. Eingangsgrößen des Reglers

Die Entwurfsaufgabe wird gemäß Bild 12.2 definiert:

> Gesucht wird der Regler K, der die Auswirkungen der Anregung z auf die Fehlergrößen v bezüglich einer bestimmten Norm minimiert.

Der Block P enthält neben dem Modell der Strecke auch Gewichtsfunktionen, um die Anforderungen an die Regelung zu beschreiben. Dies soll an einem typischen Beispiel (Bild 12.3 und 12.4) gezeigt werden.

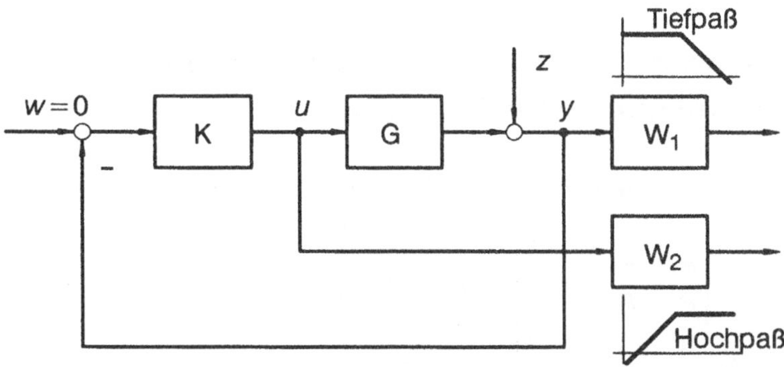

Bild 12.3: Strecke mit Gewichtsfunktionen (Beispiel)

Durch Umzeichnen von Bild 12.3 erhält man die P-Struktur (Bild 12.4).

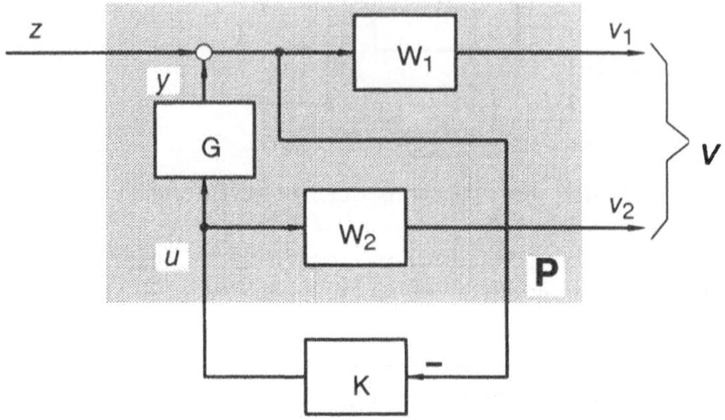

Bild 12.4: Synthese der Übertragungsfunktion P (Beispiel)

Man kann P in vier Blöcke P_{11}, P_{12}, P_{21} und P_{22} zerlegen, die die Übertragungsfunktionen von z und u nach v und y beschreiben.

$$v = P_{11}z + P_{12}u \tag{12.23}$$

$$y = P_{21}z + P_{22}u \tag{12.24}$$

Die resultierende Übertragungsfunktion von z nach v ergibt sich zu

$$T_{vz} := P_{11} + P_{12}K(I + P_{22}K)^{-1}P_{21} \ . \tag{12.25}$$

Man bezeichnet (12.25) als **LFT** (lineare Fraktionaltransformation) von K mit P als Koeffizientenmatrix der LFT.

12.3.1 Beispiel: PT$_1$-Strecke mit proportionalen Gewichtsfunktionen W_1 und W_2

Die vier Übertragungsfunktionen aus (12.23) bzw. (12.24) lauten

$$P = \begin{bmatrix} P_{11} & P_{12} \\ P_{21} & P_{22} \end{bmatrix} = \begin{bmatrix} \begin{bmatrix} W_1 \\ 0 \end{bmatrix} & \begin{bmatrix} W_1 G \\ W_2 \end{bmatrix} \\ I & G \end{bmatrix} .$$

In Zustandsform erhält man

$$P = \left[[A],\ [0\ \ B],\ \begin{bmatrix} W_1C \\ 0 \\ C \end{bmatrix},\ \begin{bmatrix} W_1 & 0 \\ 0 & W_2 \\ 1 & 0 \end{bmatrix} \right] .$$

Mit der Strecke und den Gewichtsfunktionen

$$G(s) = \frac{1}{s+1} = [-1, 1, 1, 0]\ , \quad W_1 = 2\ , \quad W_2 = 3$$

lauten die Zahlenwerte für P

$$P = \left[[-1]\ ,\ [0\ \ 1]\ ,\ \begin{bmatrix} 2 \\ 0 \\ 1 \end{bmatrix}\ ,\ \begin{bmatrix} 2 & 0 \\ 0 & 3 \\ 1 & 0 \end{bmatrix} \right] .$$

Obwohl es sich bei G um eine Eingrößenstrecke handelt, führt die gleichzeitige Berücksichtigung von Regelgröße und Stellgröße auf ein Mehrgrößenproblem. Die "erweiterte" Strecke P besitzt 2 Ein- und 3 Ausgangsgrößen.

12.3.2 Struktur des Blocks *P*

Um in Zustandsform die Eingänge z und u bzw. v und y unterscheiden zu können, erhalten die B–, C– und D–Matrizen die Indizes 1 bzw. 2. Die Teilübertragungsfunktionen

$$P_{11} = [A,\ B_1,\ C_1,\ D_{11}] \qquad (12.26)$$

$$P_{12} = [A,\ B_2,\ C_1,\ D_{12}] \qquad (12.27)$$

$$P_{21} = [A,\ B_1,\ C_2,\ D_{21}] \qquad (12.28)$$

$$P_{22} = [A,\ B_2,\ C_2,\ D_{22}] \qquad (12.29)$$

bilden das Gesamtsystem

$$P = \begin{bmatrix} P_{11} & P_{12} \\ P_{21} & P_{22} \end{bmatrix} = \left[A,\ [B_1\ \ B_2],\ \begin{bmatrix} C_1 \\ C_2 \end{bmatrix},\ \begin{bmatrix} D_{11} & D_{12} \\ D_{21} & D_{22} \end{bmatrix} \right] . \qquad (12.30)$$

Mit Hilfe der Matrizen in (12.30) lassen sich die 2–Norm– und ∞–Norm–optimalen Regler sowie notwendige und hinreichende Bedingungen für die Existenz von Lösungen angeben.

12.4 Berechnung des 2-Norm-optimalen Reglers

Die Lösung des Mehrgrößensystems

$$\| T_{zv} \|_2 \rightarrow \text{Min.} \tag{12.31}$$

läßt sich sehr elegant im Zustandsraum angeben. Da die Herleitung der Gleichungen zur Berechnung des Reglers im Zustandsraum sehr aufwendig ist, sollen an dieser Stelle nur die Ergebnisse vorgestellt werden. Dabei wird nach Bild 12.2 derjenige Regler bestimmt, der die 2-Norm der Übertragungsfunktion T_{zv} zu einem Minimum macht. Der 2-Norm-optimale Regler lautet

$$\boxed{K_2 = [A + B_2F_2 + H_2C_2 \ , \ H_2 \ , \ F_2 \ , \ 0]} \tag{12.32}$$

Während der Index "2" in B_2 und C_2 Matrizen des Systems P kennzeichnet, bedeutet dieser Index in K_2, F_2 und H_2, daß es sich um Lösungen für den 2-Norm-optimalen Regler handelt.

Die Matrizen F_2 und H_2 berechnen sich aus den Lösungen zweier algebraischer Matrix-Riccati-Gleichungen:

$$F_2 = -B_2^T X_2 \ , \tag{12.33}$$

$$X_2 : \quad A^T X_2 + X_2 A - X_2 B_2 B_2^T X_2 + C_1^T C_1 = 0 \ , \tag{12.34}$$

$$H_2 = -Y_2 C_2^T \ , \tag{12.35}$$

$$Y_2 : \quad A Y_2 + Y_2 A^T - Y_2 C_2^T C_2 Y_2 + B_1 B_1^T = 0 \ . \tag{12.36}$$

Vergleicht man die Lösung mit dem LQG-Regler aus Kap. 5, so stellt man fest, daß LQG eine spezielle Lösung des 2-Norm-Problems darstellt.

> Die 2-Norm-optimale Regelung ist von der Struktur somit also eine Zustandsregelung mit Beobachter/ Kalman-Filter.

Setzt man in der algebraischen Regler-Riccati-Gleichung (CARE) $R = I$ und $C_1 = Q^{1/2}$, so gelangt man auf die gleiche Lösung für F_2. Entsprechendes gilt für die algebraische Filter-Riccati-Gleichung (FARE), die sich aus $\Theta = I$ und $B_1 = \Xi^{1/2}$ ergibt. Das Bild 12.5 zeigt LQG als Sonderfall des 2-Norm-optimalen Reglers.

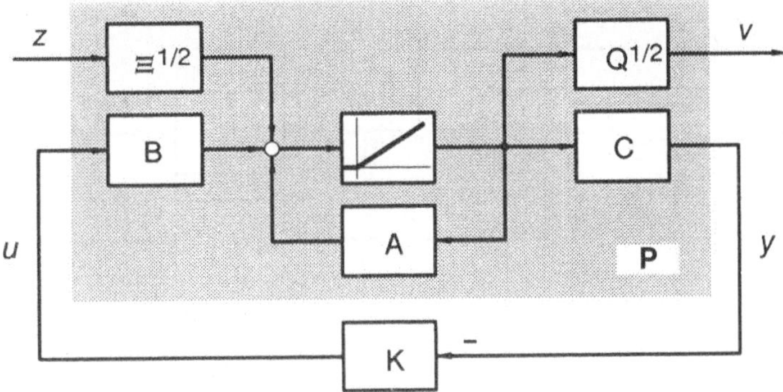

Bild 12.5: Zusammenhang zwischen LQG und 2-Norm-optimaler Regelung

2-Norm und LQG sind eng verwandt. Jedoch bietet die 2-Norm-optimale Regelung viel mehr Freiheitsgrade für den Entwurf, da nun auch frequenzabhängige Gewichtsfunktionen einsetzbar sind. LQG erlaubt lediglich die Spezifikation der reellen Matrizen $Q, R,$ Ξ und Θ.

12.4.1 Beispiel für eine 2-Norm-optimale Regelung mit dynamischer Stellgrößenbeschränkung

Bei der Strecke

$$G = \frac{1}{s+1} = [A,\ B,\ C,\ D] = [-1,\ 1,\ 1,\ 0]$$

soll sowohl der Regelfehler als auch die Stellgröße frequenzabhängig bewertet werden. Im Bereich tiefer Frequenzen ist es sinnvoll, den Regelfehler klein zu halten, d.h. mit einer relativ großen Gewichtsfunktion zu bewerten. Die Stellgröße soll im hohen Frequenzbereich kleine Werte annehmen. Diese Anforderungen können mit der Struktur in Bild 12.6 für P beschrieben werden.

Die Gewichtsfunktion $W1$ bewertet die Auswirkungen der Störgröße z auf die Regelgröße y. Zu einer hohen Bewertung von y bei tiefen Frequenzen muß W_1 als Tiefpaß ausgelegt werden. Entsprechend ist für W_2 ein Hochpaß anzusetzen, um den Einfluß der Stellgröße für hohe Frequenzen zu gewichten.

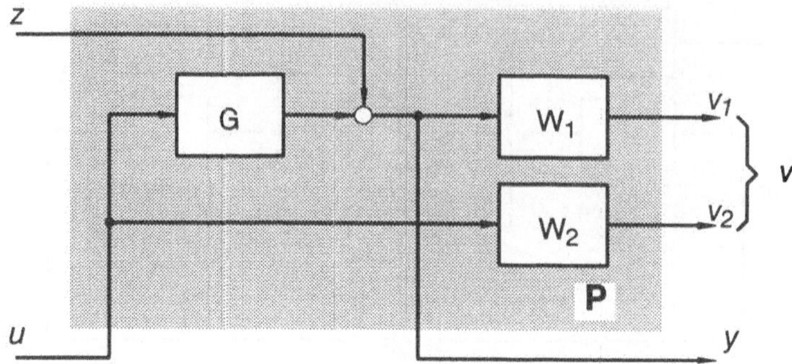

Bild 12.6: Spezifikation der Entwurfsziele durch Gewichtsfunktionen

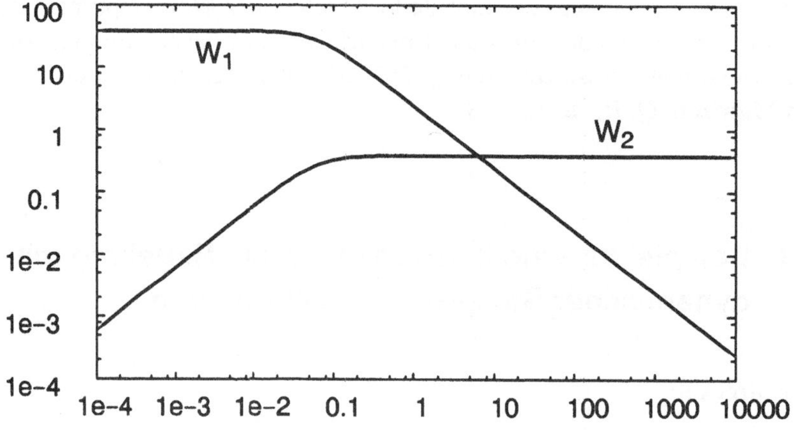

Bild 12.7: Gewichtsfunktionen W_1 und W_2

Die Gewichtsfunktionen nehmen in unterschiedlichen Frequenzbereichen hohe Werte an. Die Grenzfrequenz beschreibt die Bandbreite der Regelung. Diese Gewichtsfunktionen lassen sich durch folgende Zustandsdarstellungen beschreiben:

$$W_1 = [-0.0628,\ 0.0628,\ 38,\ 0]$$

$$W_2 = [-0.0628,\ -0.0628,\ 0.38,\ 0.38]$$

Die D-Matrix von W_1 muß Null sein, da die 2-Norm aufgrund des direkten Einflusses von z sonst unendlich würde. Für P ergibt sich damit ein System 3. Ordnung (Strecke und zwei Gewichtsfunktionen 1. Ordnung).

$$P = \left[\begin{bmatrix} -1 & 0 & 0 \\ -0.0628 & -0.0628 & 0 \\ 0 & 0 & -0.0628 \end{bmatrix}, \begin{bmatrix} 0 & 1 \\ -0.0628 & 0 \\ 0 & -0.0628 \end{bmatrix}, \right.$$

$$\left. \begin{bmatrix} 0 & -38 & 0 \\ 0 & 0 & 38 \\ 1 & 0 & 0 \end{bmatrix}, \begin{bmatrix} 0 & 0 \\ 0 & 0.38 \\ 1 & 0 \end{bmatrix} \right]$$

Die Auswertung der Gleichungen (12.32)–(12.36) liefert den folgenden Regler:

$$K = \left[\begin{bmatrix} -3.621 & 96.39 & -0.010 \\ 0 & -0.0628 & 0 \\ 0.1647 & -6.065 & -0.062 \end{bmatrix}, \begin{bmatrix} 0 \\ 0.0628 \\ 0 \end{bmatrix}, \right.$$

$$\left. \begin{bmatrix} -2.6211 & 96.39 & -0.0102 \end{bmatrix}, \begin{bmatrix} 0 \end{bmatrix} \right].$$

Die Ordnung des Reglers ergibt sich aus der Summe der Ordnungen von Strecke (1) und der zwei Gewichtsfunktionen (je 1). Die Simulation von Stör- und Führungsverhalten zeigt das Bild 12.8.

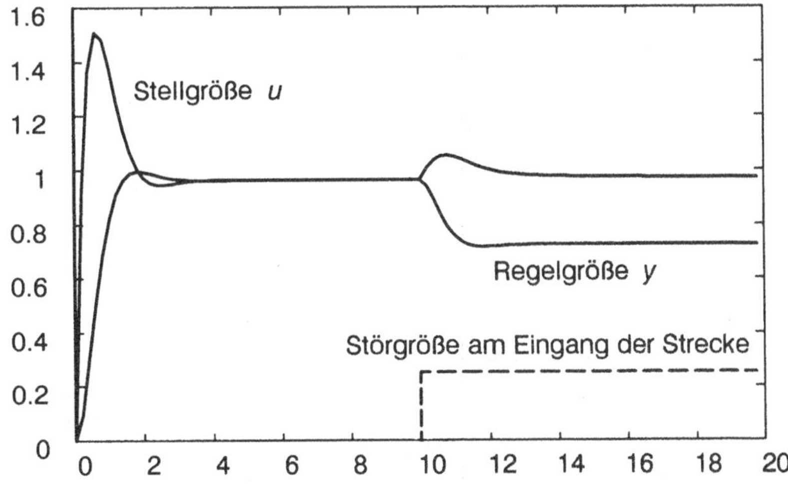

Bild 12.8: Führungs- und Störverhalten des 2-Norm-optimalen Reglers

Aufgrund der endlichen Gewichtsfunktion W_1 bei tiefen Frequenzen verschwindet der Regelfehler im stationären Zustand nicht. Stationäre Genauigkeit erhält man für den Grenzfall $|W_1(j\omega=0)| \to \infty$. Dies bedeutet jedoch, daß W_1 einen Pol im Ursprung besitzen müßte, der durch den Regler nicht beseitigt werden kann. Pole auf der imaginären Achse außerhalb des geschlossenen Regelkreises verletzen die Lösbarkeitsbedingungen, auf die im folgenden Kapitel eingegangen wird.

12.5 Bedingungen für die Existenz von Lösungen für den 2-Norm-Entwurf

Notwendige und hinreichende Bedingungen für die Existenz von 2-Norm-optimalen Reglern lassen sich mit Hilfe der einzelnen Matrizen von P (12.30) angeben, da mit Hilfe von P der Entwurf vollständig spezifiziert ist.

Die Existenz einer Lösung hängt von der positiv semidefiniten Lösung der zwei algebraischen Matrix-Riccati-Gleichungen (12.34), (12.36) ab. Es genügt also zu zeigen, wann eine solche Lösung existiert. Da die Gewichtsfunktionen beliebig kompliziert werden dürfen, lassen sich keine einfachen Voraussetzungen wie für den LQG-Entwurf (Kap. 6.1, 6.2) angeben. Anhand der den Riccati-Gleichungen zugeordneten Hamilton-Matrizen (Kap. 5.1 bzw. 6.1) können die Lösbarkeitsbedingungen angegeben werden.

Die den Riccati-Gleichungen zugeordneten Hamilton-Matrizen lauten für X_2:

$$H_{X_2} = \begin{bmatrix} A & -B_2B_2^T \\ -C_1^TC_1 & -A^T \end{bmatrix} \tag{12.37}$$

und für Y_2:

$$H_{Y_2} = \begin{bmatrix} A^T & -C_2^TC_2 \\ -B_1B_1^T & -A \end{bmatrix} . \tag{12.38}$$

Die folgende Bedingung ist notwendig:

Die Hamilton-Matrizen H_{X2} und H_{Y2} dürfen keine Eigenwerte auf der imaginären Achse aufweisen [64].

Die Algorithmen zur Lösung der Riccati-Gleichung erfordern eine Aufteilung in positive und negative Eigenwerte. Bestehen Eigenwerte auf der imaginären Achse, so ist diese Aufteilung nicht eindeutig möglich.

Sind zusätzlich die beiden folgenden Bedingungen erfüllt, so ist dies für die Existenz positiv semidefiniter Lösungen der Riccati-Gleichungen hinreichend:

$B_2B_2^T$ positiv oder negativ semidefinit bzw. $C_2^TC_2$ positiv oder negativ semidefinit [18].

$(A, B_2B_2^T)$ stabilisierbar bzw. $(A^T, C_2^TC_2)$ stabilisierbar [18].

Die im Zusammenhang mit der Lösung von Riccati-Gleichungen gebräuchliche Forderung nach Steuerbarkeit bzw. Beobachtbarkeit ist hier nicht anwendbar, da sich Gewichtsfunktionen außerhalb des geschlossenen Kreises befinden. Die Zustandsgrößen der Gewichtsfunktionen sind somit entweder nicht steuerbar oder nicht beobachtbar. Daraus folgt jedoch, daß Gewichtsfunktionen grundsätzlich stabil sein müssen, um die letztgenannten Bedingungen zu erfüllen.

12.6 Berechnung des ∞ - Norm - optimalen Reglers

Wie auch bei der Berechnung der ∞-Norm (Kap. 12.2) muß der Entwurf des ∞-Norm-optimalen Reglers ebenfalls iterativ erfolgen. Man gibt eine Grenze γ für die ∞-Norm der zu minimierenden Übertragungsfunktion T_{vz} vor und kann dann überprüfen, ob alle Bedingungen zur Berechnung des zugehörigen Reglers erfüllt sind.

Inzwischen existieren verschiedene Lösungsverfahren. Das historisch erste wurde um 1984 entwickelt und basierte auf der Q-Parametrierung [17], [54]. Für den Eingrößenfall wurde die Lösung nach diesem Verfahren in Kap. 11 hergeleitet. Ein numerisch robustes und zuverlässiges Verfahren wurde von Safonov [55] angegeben. Es beruht auf der Lösung zweier Riccati-Gleichungen und einer Systembeschreibung in Deskriptor-Form.

Wir wollen das häufig eingesetzte und ebenfalls numerisch sehr robuste Glover-Doyle-Verfahren [18], [28] zur Lösung des ∞-Norm-Problems einsetzen. Die Struktur nach Bild 12.2 können wir auch für die Minimierung der ∞-Norm anwenden.

Der ∞-Norm-suboptimale Regler ist nach [18]:

$$K_\infty = [\, A_\infty,\; Z_\infty H_\infty,\; F_\infty,\; 0\,]\,, \tag{12.39}$$

$$A_\infty = A + \gamma^{-2} B_1 B_1^T X_\infty + B_2 F_\infty + Z_\infty H_\infty C_2\,. \tag{12.40}$$

Suboptimal bedeutet in diesem Zusammenhang, daß nur ein Regler bestimmt werden kann, der auf eine ∞-Norm von $\| T_{vz} \|_\infty < \gamma$ führt, sofern eine solche Lösung existiert. Der minimale Wert für $\| T_{vz} \|_\infty$, für den noch eine Lösung existiert, liefert den ∞-Norm-optimalen Regler. Man kann somit die optimale Lösung beliebig genau annähern.

Die Berechnung der Matrizen Z_∞, H_∞ sowie F_∞ erfordert wie bei der 2-Norm die Lösung zweier algebraischer Riccati-Gleichungen.

$$X_\infty : \quad A^T X_\infty + X_\infty A - X_\infty (B_2 B_2^T - \gamma^{-2} B_1 B_1^T) X_\infty + C_1^T C_1 \,, \tag{12.41}$$

$$Y_\infty : \quad A Y_\infty + Y_\infty A^T - Y_\infty (C_2^T C_2 - \gamma^{-2} C_1^T C_1) Y_\infty + B_1 B_1^T \,. \tag{12.42}$$

Die einzelnen Matrizen des Reglers berechnen sich wie folgt:

$$F_\infty = -B_2^T X_\infty \,, \tag{12.43}$$

$$H_\infty = -Y_\infty C_2^T \,, \tag{12.44}$$

$$Z_\infty = -\left(I - \gamma^{-2} Y_\infty X_\infty\right)^{-1} \,. \tag{12.45}$$

Die Struktur des ∞-Norm-optimalen Reglers unterscheidet sich deutlich von der 2-Norm-optimalen Regelung bzw. von LQG. Der ∞-Norm optimale Regler minimiert den größten singulären Wert

$$\bar{\sigma}\left[T_{zv}(j\omega)\right] \ \forall\omega \,.$$

Es ist verständlich, daß dieses Kriterium nicht mit einer Beobachter/Zustandsrückführungs-Struktur erfüllt werden kann. Die Gleichungen (12.39) und (12.40) ergeben das Blockschaltbild 12.9.

An zwei Stellen unterscheidet sich die Struktur des ∞-Norm-optimalen Reglers von der Beobachter/Zustandsrückführungs-Struktur:

1. Die Reglermatrix A_∞ ist um den Term $\gamma^{-2} B_1 B_1^T X_\infty$ erweitert.
2. Die Filterverstärkung ist um die Matrix Z_∞ erweitert.

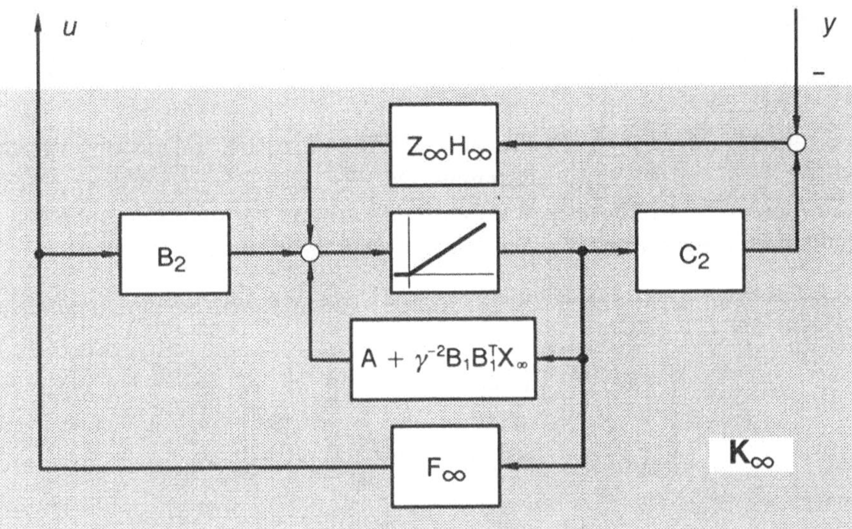

Bild 12.9: Struktur des ∞-Norm-optimalen Reglers

Für $\gamma \rightarrow \infty$ geht der ∞-Norm-optimale Regler exakt in den 2-Norm-optimalen Regler über. Mit kleiner werdendem γ gewinnen der Term $\gamma^{-2}B_1B_1^TX_\infty$ und die Matrix Z_∞ immer mehr an Einfluß. Man kann diese Terme als Erweiterung des Beobachters auffassen, der jeweils (im Sinne der ∞-Norm) die "ungünstigste" Störung z berücksichtigt. Die Minimierung der ∞-Norm bewirkt ja eine Minimierung des größten singulären Wertes über der Frequenz. Die Erweiterungen (12.40) und (12.45) sorgen dafür, daß das Übertragungsverhalten für alle Frequenzen (einschließlich Gewichtsfunktionen) gleich gut ist.

12.7 Beispiel für eine ∞ - Norm - optimale Regelung

Für die gleiche Strecke wie im Kap. 12.4.1 (2-Norm-optimale Regelung) soll ein ∞-Norm-optimaler Regler entworfen werden. Wir können die Gewichtsfunktionen W_1 und W_2 und damit auch P unverändert übernehmen.

Die frequenzabhängigen Gewichtsfunktionen beeinflussen nun unmittelbar den Frequenzgang der Übertragungsfunktion des geschlossenen Kreises

$$T_{zv} = \begin{bmatrix} W_1S \\ W_2KS \end{bmatrix}.$$

T_{zv} besteht aus zwei Eingrößenstrecken. Folglich setzt sich $\bar{\sigma}$ aus den Beträgen $|W_1S(j\omega)|$ und $|W_2KS(j\omega)|$ zusammen. Da W_1 und W_2 in unterschiedlichen Frequenzbereichen große Beträge aufweisen, bestimmt bei tiefen Frequenzen W_1 und bei hohen Frequenzen W_2 den größten singulären Wert $\bar{\sigma}[T_{zv}]$.

Die iterative Optimierung nach den Gln. (12.39)-(12.45) führte bei einem minimalen $\gamma = 0.9805$ auf den Regler

$$K_\infty = \left[\begin{bmatrix} 347.7 & 14.249 & 29.7 \\ 0 & -0.06 & 0 \\ 21.8 & -895.2 & -1.92 \end{bmatrix}, \begin{bmatrix} 0 \\ 0.239 \\ 0 \end{bmatrix}, \right.$$

$$\left. \begin{bmatrix} -91.24 & 3749.7 & 7.81 \end{bmatrix}, \begin{bmatrix} 0 \end{bmatrix} \right].$$

Wie zu erwarten, führen die Beträge $|W_1S(j\omega)|$ und $|W_2KS(j\omega)|$ auf einen maximalen singulären Wert, dessen Verlauf über der Frequenz keine Maxima mehr aufweist.

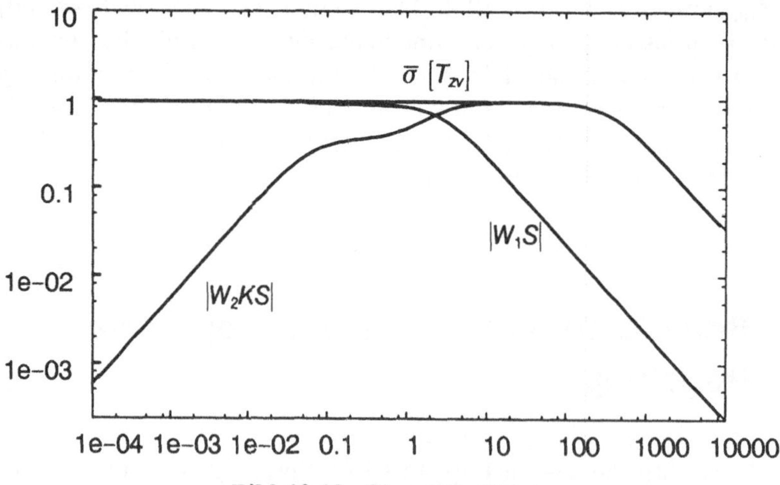

Bild 12.10: Singuläre Werte

In der Simulation der Sprung- und Störantwort (Bild 12.11) erkennt man keine wesentlichen Unterschiede im Vergleich zum 2-Norm-optimalen Regler (Bild 12.8). Für nicht-sprungförmige Signale ist jedoch mit besseren Eigenschaften des

∞-Norm-optimalen Reglers zu rechnen, da die singulären Werte von T_{zv} über den gesamten Frequenzbereich die kleinstmöglichen Werte annehmen, d.h. $|S| \approx 1/|W_1|$ und $|KS| \approx 1/|W_2|$.

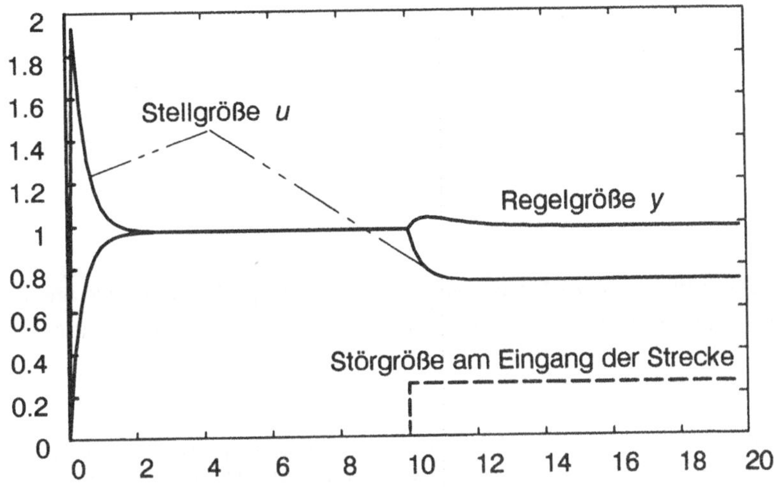

Bild 12.11: Führungs- und Störverhalten des ∞-Norm-optimalen Reglers

In dem gezeigten Beispiel ist $\gamma_0 = 0.9805$, d.h. etwa Eins. Da die ∞-Norm das Maximum des größten singulären Wertes von T_{zv} darstellt, gilt somit

$$\bar{\sigma}\left[T_{zv}\right] \leq \gamma_0 .$$

Diese Ungleichung kann nur erfüllt werden, wenn die singulären Werte der Teilübertragungsfunktionen W_1S und W_2KS ebenfalls kleiner als γ_0 sind:

$$\bar{\sigma}\left[W_1S\right] = |\, W_1S(j\omega)\, | \leq \gamma_0 ,$$

$$\bar{\sigma}\left[W_2KS\right] = |\, W_2KS(j\omega)\, | \leq \gamma_0 .$$

⇑

Eingrößenfall

Die beiden letzten Ungleichungen zeigen, wie durch Vorgabe der Gewichtsfunktionen beim ∞-Norm-Entwurf quantitativ Entwurfsziele spezifiziert werden können:

$$| S(j\omega) | \leq \frac{\gamma_0}{|W_1(j\omega)|} < \frac{1}{|W_1(j\omega)|} ,$$

$$| KS(j\omega) | \leq \frac{\gamma_0}{|W_2(j\omega)|} < \frac{1}{|W_2(j\omega)|} .$$

12.8 Bedingungen für die Existenz von Lösungen für den ∞ -Norm-Entwurf

Die Berechnung des ∞-Norm-(sub)optimalen Reglers erfordert die Lösung von zwei algebraischen Matrix-Riccati-Gleichungen und die Berechnung von

$$Z_\infty = \left(I - \gamma^{-2} Y_\infty X_\infty\right)^{-1} . \tag{12.46}$$

Die Lösbarkeit der Riccati-Gleichungen wurde in Kap. 12.5 behandelt. Betrachtet werden müssen die den Riccati-Gleichungen (12.41) und (12.42) zugeordneten Hamilton-Matrizen

$$H_{X_\infty} = \begin{bmatrix} A & -\left(B_2 B_2^T - \gamma^{-2} B_1 B_1^T\right) \\ -C_1^T C_1 & -A^T \end{bmatrix} \tag{12.47}$$

und

$$H_{Y_\infty} = \begin{bmatrix} A^T & -\left(C_2^T C_2 - \gamma^{-2} C_1^T C_1\right) \\ -B_1 B_1^T & -A \end{bmatrix} . \tag{12.48}$$

Notwendig sind wieder die Bedingungen:

Die Hamilton-Matrizen $H_{X\infty}$ und $H_{Y\infty}$ dürfen keine Eigenwerte auf der imaginären Achse aufweisen [64].

Aufgrund der von γ abhängigen Terme

$$B_2 B_2^T - \gamma^{-2} B_1 B_1^T \tag{12.49}$$

sowie

$$C_2^T C_2 - \gamma^{-2} B_1^T C_1 \tag{12.50}$$

kann nicht von vornherein bestimmt werden, ob (12.49) oder (12.50) positiv oder negativ semidefinit ist. Es ist deshalb einfacher, bei Erfüllung der Eigenwertbedingung zu überprüfen, ob die Lösungen X_∞ bzw. Y_∞ der Riccati-Gleichungen tatsächlich positiv semidefinit sind. Sofern positiv semidefinite X_∞ und Y_∞ existieren, bleibt nachzuweisen, wann $U = I - \gamma^{-2} Y_\infty X_\infty$ invertierbar ist und somit Z_∞ berechnet werden kann. Wenn die Determinante von U Null wird, muß mindesten ein Eigenwert von U Null werden, d.h. es gilt

$$U x_e = x_e - \gamma^{-2} Y_\infty X_\infty x_e = 0$$

(x_e ist Eigenvektor zum Eigenwert 0 von U). Damit muß aber x_e gleichzeitig Eigenvektor von $Y_\infty X_\infty$ sein. Da wir an der oberen Schranke von γ interessiert sind, für die U singulär wird, erhalten wir als Bedingung für die Lösbarkeit von (12.46):

$$\boxed{\varrho\,[Y_\infty X_\infty] < \gamma^2\ .} \tag{12.51}$$

$\varrho\,[Y_\infty X_\infty]$ ist der Spektralradius (Betrag des größten Eigenwertes) von $Y_\infty X_\infty$.

In einem iterativen Prozeß ist das kleinste γ zu bestimmen, für das alle Lösbarkeitsbedingungen erfüllt sind. Diesen Wert bezeichnet man als γ_0; er bildet das erreichbare Minimum der Norm $\| T_{zv} \|_\infty$ und führt auf den optimalen Regler K_∞.

13 Reglerentwurf für Prozesse mit unsicheren Parametern und unstrukturierten Modellunsicherheiten

Das Problem, einen Regler für Prozesse mit Parameter- oder Modellunsicherheiten zu entwerfen, kann mit Bild 13.1 beschrieben werden.

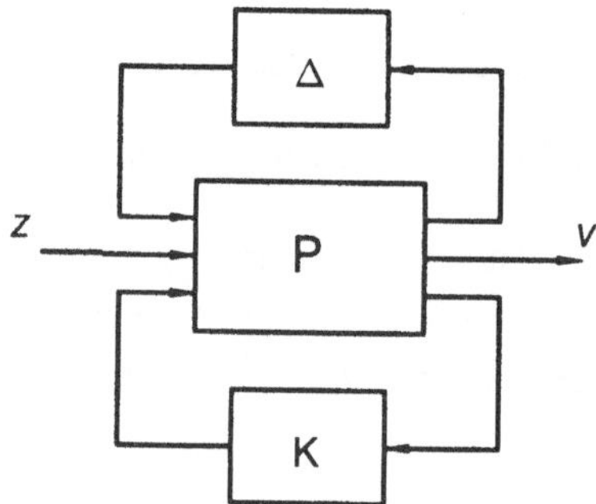

Bild 13.1: Entwurf von Reglern für robuste Stabilität / robuste Regelqualität

Jede Entwurfsaufgabe läßt sich auf die Struktur von Bild 13.1 bringen. Ohne Beschränkung der Allgemeinheit kann die Matrix Δ in Blockdiagonalform aufgestellt werden.

$$\Delta = \text{diag}\,(\Delta_1,\ \Delta_2,\ \ldots,\ \Delta_s) \tag{13.1}$$

Δ_i können Matrizen oder Skalare sein. Man bezeichnet Skalare zur Unterscheidung mit δ_i. Die Elemente sind im allgemeinen komplex, sie können in einzelnen Fällen zur Beschreibung von Parameterunsicherheiten auch reell sein. Reelle Elemente in Δ führen allerdings häufig zu numerischen Schwierigkeiten bei der Robustheitsanalyse.

Die Δ_i bzw. δ_i sind unbekannt. Durch entsprechende Skalierung der Matrizen von P kann man als Obergrenze immer

$$|\delta_i| \leq 1 \ , \quad \bar{\sigma}\,[\Delta_i] \leq 1 \tag{13.2}$$

voraussetzen.

Grundsätzlich kann man vier Entwurfsaufgaben mit aufsteigendem Schwierigkeitsgrad unterscheiden:

1. **NS** (nominelle Stabilität, nominal stability) $\Delta = 0$
   Die Regelung mit dem Prozeßmodell ist stabil. Dies ist eine Voraussetzung für alle folgenden Anforderungen. LQG und die koprime Faktorisierung sind Beispiele für die Gewährleistung von NS.
2. **NP** (nominelle Regelqualität, nominal performance) $\Delta = 0$
   Die Regelung mit dem Prozeßmodell als Regelstrecke gewährleistet eine vorgegebene Qualität (z.B. $\| WS \|_2 \leq 1$ oder $\| WS \|_\infty \leq 1$). Die Q-Parametrierung eines Norm-optimalen Reglers stellt beispielsweise NP sicher.
3. **RS** (robuste Stabilität, robust stability) $\Delta \neq 0$.
   Das geregelte System ist für einen definierten Unsicherheitsbereich stabil (worst case stability).
   Hier müssen wir zwischen unstrukturierter und strukturierter (Parameter-) Unsicherheit unterscheiden. Der Fall unstrukturierter Modellunsicherheit (Δ_A, Δ_M) wurde bereits in Kap. 1.5 behandelt. Die Bedingungen können wir mit den Ergebnissen aus Kap. 12 für den Mehrgrößenfall verallgemeinern (Small Gain Theorem [52],[68], siehe auch Kap. 1.5):

   $$\bar{\sigma}\,[\Delta_A KS] < 1 \ , \tag{13.3}$$

   $$\bar{\sigma}\,[\Delta_M T] < 1 \ . \tag{13.4}$$

   Die im einzelnen unbekannten Unsicherheiten Δ_A bzw. Δ_M werden durch Gewichtsfunktionen beschrieben, die eine obere Schranke für Δ bilden. Es ist somit zu fordern

   $$\bar{\sigma}\,[WKS] = \| WKS \|_\infty < 1 \ , \tag{13.5}$$

   $$\bar{\sigma}\,[WT] = \| WT \|_\infty < 1 \ . \tag{13.6}$$

Um robuste Stabilität und eine bestimmte Regelqualität zu erreichen, wird man also einen Regler entwerfen, der auf

$$\left\| \begin{matrix} W_1T \\ W_2S \end{matrix} \right\|_\infty < 1 \quad (\text{für } \Delta_M) \quad \text{bzw.} \tag{13.7}$$

$$\left\| \begin{matrix} W_1KS \\ W_2S \end{matrix} \right\|_\infty < 1 \quad (\text{für } \Delta_A) \tag{13.8}$$

führt. W_1 spezifiziert die Modellunsicherheit, während mit W_2 die Anforderungen an die Regelqualität über den Verlauf von $|S(j\omega)|$ beschrieben wird. Die Regelqualität kann sich jedoch beliebig verschlechtern, wenn Δ_A bzw. Δ_M vorhanden ist. Die Regelung ist lediglich robust stabil.

Die effiziente Behandlung robuster Stabilität bei Anwesenheit von Parameterunsicherheiten erfordert die Einführung einer neuen Norm, der Norm $\| M \|_\mu$. Diese Norm ist das Supremum über alle Frequenzen des sogenannten **strukturierten singulären Wertes** μ (structured singular value, SSV). Der strukturierte singuläre Wert soll im folgenden ausführlich behandelt werden.

4. **RP** (robuste Regelqualität, robust performance) $\Delta \neq 0$.
Eine vorgebbare Regelqualität wird bei Anwesenheit von Unsicherheiten Δ eingehalten. Die systematische und effiziente Analyse und Synthese robuster Regelqualität erfordert die Verwendung der SSV.

13.1 Reglerentwurf für Prozesse mit unstrukturierter Modellunsicherheit

Unstrukturierte Modellunsicherheiten lassen sich im Blockschaltbild wie folgt darstellen.

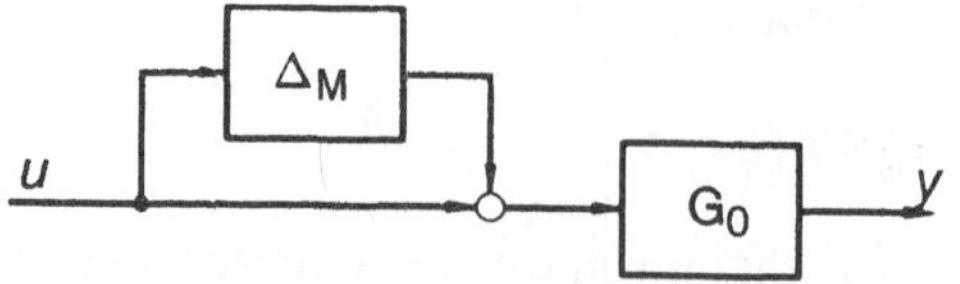

Bild 13.2: Multiplikative Modellunsicherheit

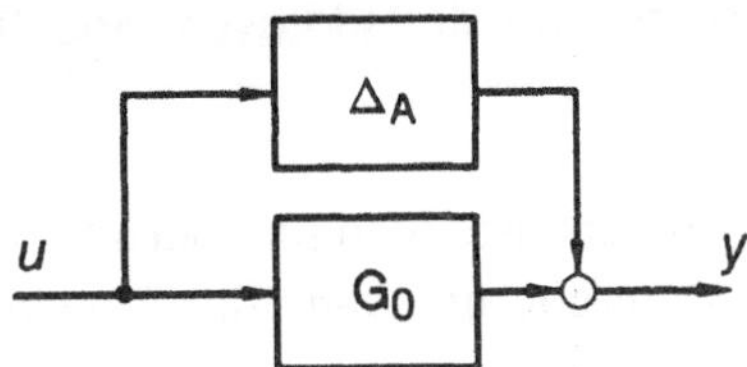

Bild 13.3: Additive Modellunsicherheit

Gibt man als Spezifikation der Regelqualität eine Gewichtsfunktion W_2 für die Übertragungsfunktion S an, so erhält man als Struktur für den Block P das Blockschaltbild 13.4.

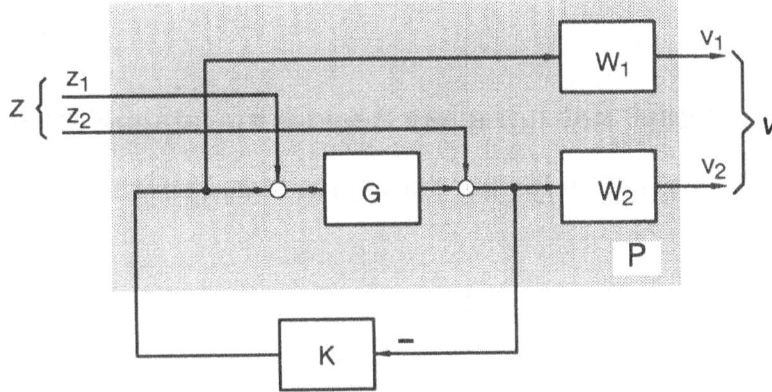

Bild 13.4: Berücksichtigung additiver und multiplikativer Modellunsicherheit durch die Gewichtsfunktion W_1

Die Übertragungsfunktion von z_1 nach v_1

$$v_1 = W_1 KG(I + GK)^{-1} z_1$$

eignet sich zur Beschreibung der multiplikativen Unsicherheit, da ja

$$\| \Delta_M KG(I + KG)^{-1} \|_\infty < 1$$

eine hinreichende Bedingung für robuste Stabilität bei Anwesenheit einer multiplikativen Modellunsicherheit am Eingang der Strecke ist. W_1 beschreibt damit die multiplikative Modellunsicherheit Δ_M.

Die Übertragungsfunktion von z_2 nach v_1 lautet

$$v_1 = W_1 KS z_2 .$$

Somit ist W_1 auch eine Beschreibung der additiven Modellunsicherheit Δ_A, da

$$\| \Delta_A KS \|_\infty < 1$$

eine hinreichende Bedingung für robuste Stabilität bei additiver Modellunsicherheit darstellt. Bei additiver Modellunsicherheit kann der Eingang z_1 entfallen.

Nach Bild 13.4 wird der Ausdruck

$$\left\| \begin{matrix} W_1KG(I+KG)^{-1} & W_1KS \\ W_2SG & W_2S \end{matrix} \right\|_\infty \tag{13.9}$$

minimiert. Man bezeichnet einen Entwurf, der mit Hilfe verschiedener Übertragungsfunktionen Robustheit und Regelgüte berücksichtigt, als Mixed-Sensitivity-Entwurf.

13.1.1 Beispiel: Entwurf eines Reglers für robuste Stabilität

Das Bild 13.5 zeigt ein vereinfachtes Modell einer Prüfmaschine.

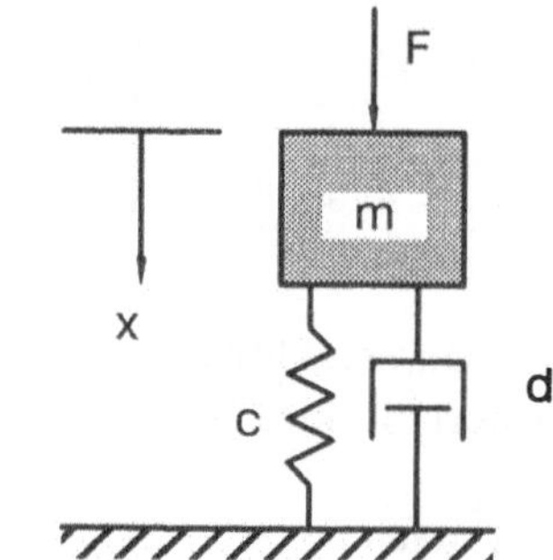

Bild 13.5: Modell einer Prüfmaschine

Mit den Zustandsgrößen x und $v = \dot{x}$ erhält man

$$\begin{bmatrix} \dot{v} \\ \dot{x} \end{bmatrix} = \begin{bmatrix} -d/m & -c/m \\ 1 & 0 \end{bmatrix} \begin{bmatrix} v \\ x \end{bmatrix} + \begin{bmatrix} 1/m \\ 0 \end{bmatrix} F ,$$

$$x = \begin{bmatrix} 0 & 1 \end{bmatrix} \begin{bmatrix} v \\ x \end{bmatrix} + [0] F .$$

Es wird angenommen, daß sowohl Parameterunsicherheiten als auch unstrukturierte Modellunsicherheiten bestehen. Die unstrukturierten Unsicherheiten entstehen durch die nicht im Modell berücksichtigte Dynamik des Stellgliedes. Es wird eine zehnprozentige Modellunsicherheit angenommen, die für hohe Frequenzen auf 100% anwächst. Im Bereich tiefer Frequenzen soll der Regelfehler kleiner als 1% sein. Diese Vorgaben entsprechen den Gewichtsfunktionen W_1 (Robustheit) und W_2 (Regelqualität) in Bild 13.4.

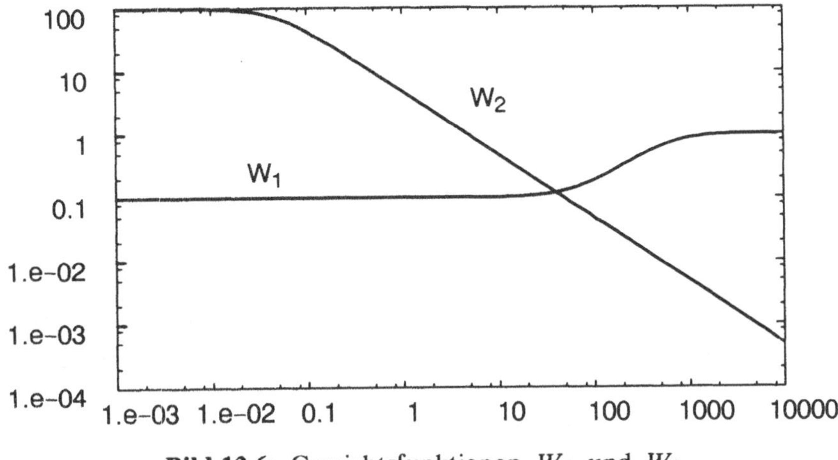

Bild 13.6: Gewichtsfunktionen W_1 und W_2

Die Minimierung von (13.9) führt auf eine ∞-Norm von 0,99. Damit werden alle Anforderungen erfüllt, da für alle Teilübertragungsfunktionen die ∞-Normen ebenfalls kleiner als 1 werden müssen. In Bild 13.7 sind die Sprungantworten für Sollwertänderungen und Störgrößen dargestellt.

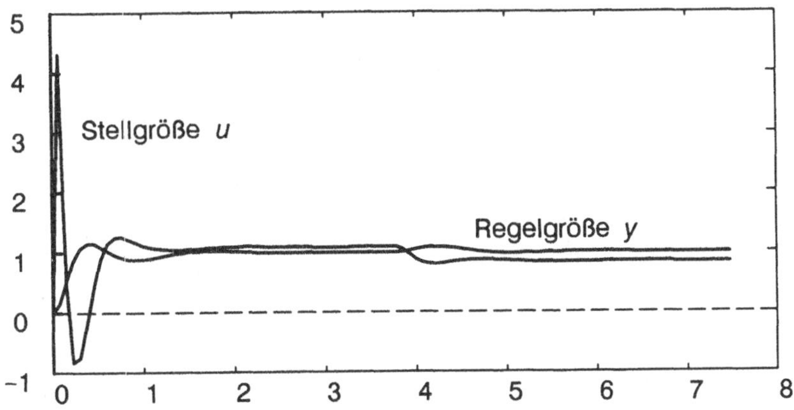

Bild 13.7: Führungs- und Störverhalten des robusten Reglers

Die Regelung ist nun robust stabil bezogen auf multiplikative Modellunsicherheiten, die kleiner als $|W_1(j\omega)|$ sind. Der Zusammenhang zwischen Parameterschwankungen und der unstrukturierten Modellunsicherheit ist jedoch kompliziert und die Frage, ob die Regelung auch bei bestimmten Parameterschwankungen stabil ist, kann mit Hilfe der bisher behandelten Form nicht beantwortet werden. Das folgende Kapitel widmet sich diesem Problem.

13.2 Der strukturierte singuläre Wert μ (SSV)

Der strukturierte singuläre Wert ermöglicht eine elegante und effiziente Analyse von Regelungen auf strukturierte und unstrukturierte Modellunsicherheiten sowie die Synthese von Reglern für robuste Regelqualität (RP). Das Verfahren geht im wesentlichen zurück auf Doyle [14], [15], [49]. Wichtige Impulse erhielt der SSV auch durch Safonov [53], der den Begriff MSM (multivariable stability margin) verwendet. Der Kehrwert von MSM ist jedoch mit μ identisch. Da es wichtige Zusammenhänge zwischen μ, Spektralradius ρ und dem größten singulären Wert $\bar{\sigma}$ gibt, werden wir den Begriff MSM nicht weiter verwenden.

13.2.1 Definition von μ

Es sei Δ eine quadratische Diagonalmatrix und Element der Menge

$$\boxed{\begin{array}{l}\boldsymbol{\Delta} := \left\{\text{diag}\left[\delta_1 I_{r1}\ldots\delta_S I_{rS}\ ,\ \Delta_1\ldots\Delta_F\right]\right\} \\ \qquad \delta_i \in \mathbf{C}\ ,\quad \Delta_j \in \mathbf{C}^{m_j\times m_j}\end{array}} \tag{13.10}$$

Δ repräsentiert die Unsicherheiten und wird als Perturbation bezeichnet. Δ könnte beispielsweise wie folgt aussehen:

$$\Delta = \begin{bmatrix}\delta_1 & 0 & 0 & 0 & 0\\ 0 & \delta_1 & 0 & 0 & 0\\ 0 & 0 & \delta_2 & 0 & 0\\ 0 & 0 & 0 & \Delta_{11} & \Delta_{12}\\ 0 & 0 & 0 & \Delta_{21} & \Delta_{22}\end{bmatrix}, \qquad r_1 = 2,\ r_2 = 1,\ m_1 = 2\ .$$

Mit einer Matrix $M \in \mathbf{C}^{n\times n}$ kann die Funktion $\mu_\Delta(M)$ definiert werden:

$$\mu_\Delta(M) = \frac{1}{\min\left\{\overline{\sigma}(\Delta) : \Delta \in \boldsymbol{\Delta}\ ,\ \det(I - M\Delta) = 0\right\}} \tag{13.11}$$

μ ist somit der Kehrwert des größten singulären Wertes der "kleinsten" Perturbation Δ, die $I - M\Delta$ singulär macht. Damit M und D kompatibel sind, muß

$$\sum_{i=1}^{S} r_i + \sum_{j=1}^{F} m_j = n$$

gelten. Betrachtet man das System aus Bild 13.8, so erkennt man, daß die Stabilität von den Polen der Übertragungsfunktion $(I - G\Delta)^{-1}$ abhängt.

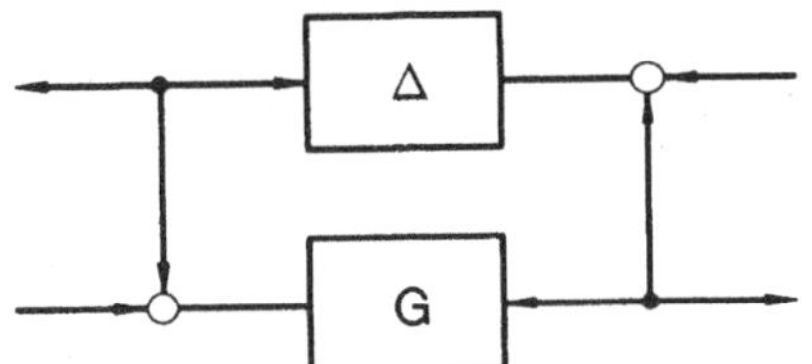

Bild 13.8: Veranschaulichung der Bedeutung von μ

Gleichbedeutend ist die Forderung, daß die Determinante von $I - G(j\omega)\Delta$ für alle Frequenzen ω nicht Null werden darf. Natürlich läßt sich ein Δ konstruieren, so daß der kleinstmögliche größte singuläre Wert von Δ auf $\det(I - G(j\omega)\Delta) = 0$ und damit auf den Stabilitätsgrenzfall führt.

Die Matrix M ist also mit der Matrix $G(j\omega)$ gleichzusetzen.
μ wird dann eine Funktion der Frequenz

Je größer der Wert μ, desto "kleiner" ist eine Perturbation Δ, d.h. $\overline{\sigma}[\Delta]$, die ein System instabil werden läßt.

Geben wir als Obergrenze der Perturbation Δ die Menge

$$B_\Delta := \left\{\delta_i \in \mathbf{C} : |\delta_i| \le 1\ ,\ \Delta \in \boldsymbol{\Delta} : \overline{\sigma}\,[\Delta] \le 1\right\} \tag{13.12}$$

vor, so folgt die Aussage:

> Ein System gemäß Bild 13.8 ist für alle Perturbationen $\Delta \in B_\Delta$ dann und nur dann stabil, wenn
>
> $$\mu_\Delta[G(j\omega)] < 1$$
>
> erfüllt ist.

Die Mengen Δ (13.10) und B_Δ (13.12) bestehen aus komplexen Elementen. Insbesondere bei Parameterunsicherheiten kann es sinnvoll sein, einzelne Elemente reell zu wählen. Dies führt jedoch auf erhebliche numerische Schwierigkeiten (Konvergenz–Probleme) bei der Berechnung von μ. Wir werden deshalb bei der komplexen Definition von Δ und B_Δ bleiben.

13.2.2 Berechnung von μ

μ kann nicht exakt und auch nicht direkt berechnet werden. Es existieren aber obere und untere Grenzen, die iterativ bestimmt werden können. Je näher diese Werte zusammenliegen, desto genauer ist μ bestimmt.

Aus der Definition von μ (13.11) kann man unmittelbar die Grenzen

$$\varrho\,[M] \leq \mu_\Delta\,[M] \leq \bar{\sigma}\,[M] \tag{13.13}$$

ableiten. Die untere Grenze tritt exakt für $\Delta = \delta I_n$ auf, die Obere für $\Delta = \mathbf{C}^{n \times n}$. Da aber der Spektralradius und der größte singuläre Wert einer Matrix beliebig weit auseinanderliegen können, eignet sich (13.13) nicht zur Berechnung von μ. Die Grenzen lassen sich aber noch enger fassen. Hierzu definiert man folgende Mengen:

$$\mathbf{Q} := \{Q \in \Delta \;:\; Q^* Q = I_n\} \tag{13.14}$$

$$\mathbf{D} := \left\{ \begin{array}{l} \operatorname{diag}\left[D_1, \ldots, D_S,\; d_1 I_{m1}, \ldots, d_{F-1} I_{m_{F-1}}, I_{m_F}\right] : \\ D_i \in \mathbf{C}^{r_i \times r_i},\; D_i = D_i^* > 0,\; d_j \in \mathbf{R},\; d_j > 0 \end{array} \right\} \tag{13.15}$$

Der letzte Block d_F kann o.B.d.A. auf 1 normiert werden. Für $Q \in \mathbf{Q}$ und $D \in \mathbf{D}$ sind die folgenden Operationen invariant bezüglich $\mu_\Delta(M)$:

$$\mu_\Delta(MQ) = \mu_\Delta(QM) = \mu_\Delta(M) = \mu_\Delta\left(DMD^{-1}\right) \tag{13.16}$$

Daraus und aus (13.13) folgen obere und untere Grenzen, die eine recht genaue Berechnung von μ erlauben.

$$\max_{Q \in \mathbf{Q}} \varrho\, [QM] \leq \mu_\Delta(M) \leq \inf_{D \in \mathbf{D}} \bar{\sigma}\left[DMD^{-1}\right] \tag{13.17}$$

Der Algorithmus wird in [67] beschrieben. Die Minimierung der oberen Schranke erweist sich als konvexes Optimierungsproblem. Es existieren jedoch Beispiele, in denen μ kleiner als das Minimum der oberen Schranke ist. Es läßt sich nicht vermeiden, daß bei der Berechnung der unteren Schranke nur ein lokales Maximum gefunden wird. Bei den bisher untersuchten Beispielen traten jedoch kaum Konvergenzprobleme auf, und beide Grenzen lagen stets eng beieinander.

13.3 Analyse der robusten Stabilität bei strukturierter Modellunsicherheit

Soll eine Regelung auf robuste Stabilität untersucht werden, so muß der Regelkreis mit den Modellunsicherheiten auf die Struktur von Bild 13.1 gebracht werden. Die Blöcke P und K können dabei zu M zusammengefaßt werden (s. Bild 13.9).

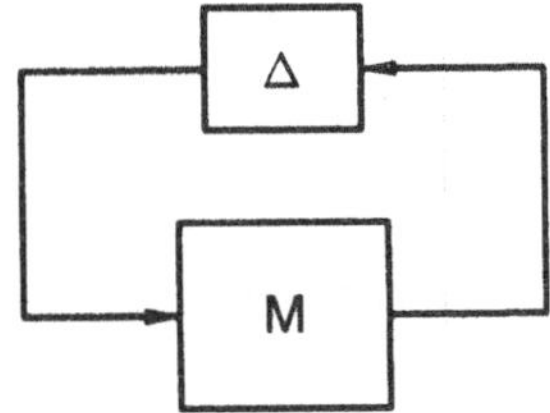

Bild 13.9: Analyse robuster Stabilität

Durch entsprechende Wahl der Struktur von M kann $\Delta \in B_\Delta$ gewählt werden, so daß robuste Stabilität für $\mu_\Delta(M) < 1$ gewährleistet ist.

13.3.1 Beispiel: Prüfmaschine

Bei dem in Kap. 13.1.1 beschriebenen Modell einer Prüfmaschine kann man eine obere und untere Schranke für die Masse m, die Reibung d und die Federsteifigkeit c angeben. Diese Parameterunsicherheiten wirken sich ausschließlich auf die Ableitung der Geschwindigkeit v aus. Von den Parametervariationen kann man nur schwer auf eine additive oder multiplikative Modellunsicherheit schließen, so daß eine direkte Analyse der robusten Stabilität in Bezug auf diese strukturierten Unsicherheiten sinnvoll ist. Wir wollen annehmen, daß die Parameter um maximal 30% nach oben und unten abweichen können.

$$\begin{aligned} d &\in \{0.1 + 0.03\delta_1 : |\delta_1| \le 1\} \\ c &\in \{1 + 0.3\delta_2 : |\delta_2| \le 1\} \\ m &\in \{0.1 + 0.03\delta_3 : |\delta_3| \le 1\} \end{aligned} \tag{13.18}$$

Da die Masse m im Nenner der Elemente in A und B auftritt, ist es günstiger, die Größen

$$\frac{d}{m} = \tilde{d}\,, \quad \frac{c}{m} = \tilde{c} \text{ und } \frac{1}{m} = \tilde{m}$$

zu verwenden. Wir erhalten damit das Gleichungssystem

$$\begin{bmatrix} \dot{v} \\ \dot{x} \end{bmatrix} = \begin{bmatrix} -\tilde{d} & -\tilde{c} \\ 1 & 0 \end{bmatrix} \begin{bmatrix} v \\ x \end{bmatrix} + \begin{bmatrix} \tilde{m} \\ 0 \end{bmatrix} F\,. \tag{13.19}$$

Um auf die gleichen Parameterschwankungen wie bei (13.18) zu gelangen, muß

$$\begin{aligned} \tilde{d} &\in \{1.7978 + 0.6593\delta_1 : |\delta_1| \le 1\} \\ \tilde{c} &\in \{11.978 + 6.5934\delta_2 : |\delta_2| \le 1\} \\ \tilde{m} &\in \{10.989 + 3.2967\delta_3 : |\delta_3| \le 1\} \end{aligned} \tag{13.20}$$

gewählt werden. Die Matrix Δ lautet damit

$$\Delta = \begin{bmatrix} \delta_1 & 0 & 0 \\ 0 & \delta_2 & 0 \\ 0 & 0 & \delta_3 \end{bmatrix}. \tag{13.21}$$

Den Einfluß der Perturbation auf die Dynamik des geschlossenen Regelkreises zeigt Bild 13.10.

Die Matrizen B_2, C_2 und D_2 beschreiben die Auswirkungen der Perturbation Δ auf den Regelkreis. Sie lauten nach Bild 13.10 sowie (13.19), (13.20) und (13.21)

$$B_2 = \begin{bmatrix} 0.6593 & 6.5943 & 3.2967 \\ 0 & 0 & 0 \end{bmatrix},$$

$$C_2 = \begin{bmatrix} 1 & 0 \\ 0 & 1 \\ 0 & 0 \end{bmatrix},$$

$$D_2 = \begin{bmatrix} 0 \\ 0 \\ 1 \end{bmatrix}.$$

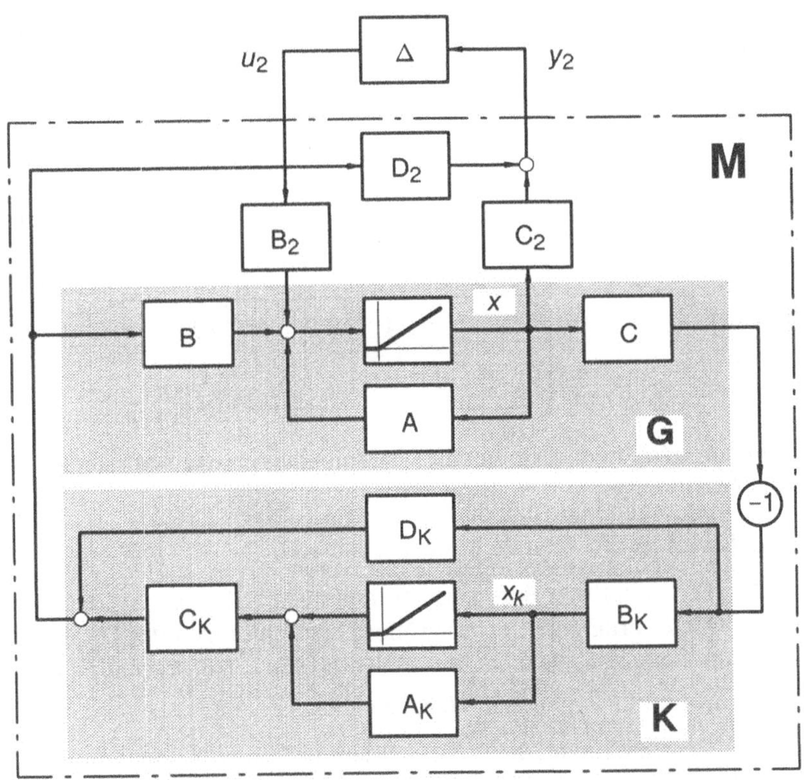

Bild 13.10: Einfluß der Perturbation auf die Dynamik des geschlossenen Regelkreises

Aus dem Bild 13.10 liest man die Zustandsgleichungen für das System mit dem Eingang u_2 und dem Ausgang y_2 ab:

$$M = \left[\begin{bmatrix} A - BD_KC & BC_K \\ -B_KC & A_K \end{bmatrix}, \begin{bmatrix} B_2 \\ 0 \end{bmatrix}, \begin{bmatrix} C_2 - D_2D_KC & D_2C_K \end{bmatrix}, \begin{bmatrix} 0 \end{bmatrix} \right] \quad (13.22)$$

M hat in diesem Beispiel 3 Ein- und 3 Ausgänge. Die Gleichung (13.22) gilt selbstverständlich allgemein für beliebige Strecken und Regler.

Im Frequenzbereich ω $[10^{-4} \ldots 10^{4}]$ wurden obere und untere Grenze von μ berechnet. Da der Unterschied $3.5 \cdot 10^{-6}$ beträgt, kann man davon ausgehen, daß μ relativ exakt bestimmt wurde.

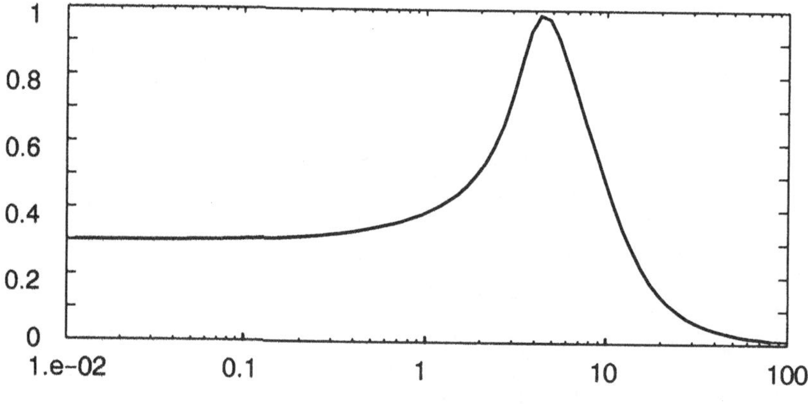

Bild 13.11: Verlauf der Funktion $\mu_\Delta[M(j\omega)]$

Da die Funktion $\mu(\omega)$ immer kleiner als 1 ist, folgt die robuste Stabilität für beliebige Parameterschwankungen innerhab der Grenzen von 30%.

Aus zwei Gründen ist die Analyse etwas konservativ:

1. Die Formulierung der Unsicherheiten (13.18) in Gestalt der Mengen (13.20) ermöglicht etwas größere Schwankungen der Parameter in m, d und c als 30%, da nicht berücksichtigt wird, daß m in allen Parametern $\tilde{m}$, $\tilde{d}$, und $\tilde{c}$ in gleicher Weise eingeht.
2. Die Perturbationen $\delta_1 \ldots \delta_3$ werden als komplex angenommen. Da die Parameter $\tilde{m}$, $\tilde{d}$, und $\tilde{c}$ jedoch nur reell und somit mögliche Perturbationen Δ aus physikalischen Gründen auch nur reell sein können, führt der

Ansatz komplexer Perturbationen zu einer möglicherweise konservativen Berechnung von μ. Die Wahl komplexer Perturbationen Δ hat in diesem Fall numerische Gründe.

Auch mit diesen Einschränkungen bietet die Berechnung von μ eine effiziente Analyse robuster Stabilität bei strukturierten Modellunsicherheiten.

13.4 Entwurf von Reglern für robuste Regelqualität (RP)

Auch wenn ein Regelkreis robust stabil ist, so kann sich die Regelqualität durch Unsicherheiten in unakzeptabler Weise verschlechtern. Häufig ist es jedoch wünschenswert, daß bei Anwesenheit von Perturbationen Δ beispielsweise der Regelfehler innerhalb bestimmter Grenzen bleibt. Die Analyse dieser Eigenschaft sowie der Entwurf eines Reglers für robuste Regelqualität sind Anwendungsfelder des strukturierten singulären Wertes μ.

13.4.1 Main-Loop-Theorem

Für die Struktur in Bild 13.12 mit den zwei Perturbationen Δ_1 und Δ_2 existiert eine Partitionierung der Matrix M der Form

$$M = \begin{bmatrix} M_{11} & M_{12} \\ M_{21} & M_{22} \end{bmatrix}, \qquad M \in \mathbf{C}^{n \times n}$$

mit entsprechenden Dimensionen.

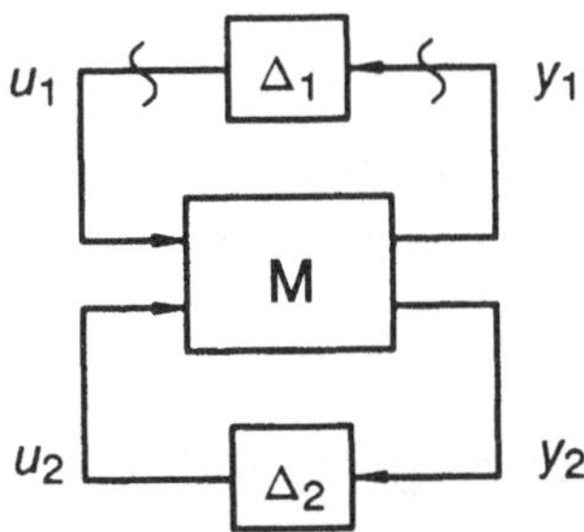

Bild 13.12: Struktur für Main-Loop-Theorem

Die gesamte Perturbation sei

$$\Delta = \begin{bmatrix} \Delta_1 & 0 \\ 0 & \Delta_2 \end{bmatrix},$$

so daß $\mu_\Delta(M)$ definiert ist. Trennt man in Bild 13.12 an den mit "ʃ" gekennzeichneten Stellen auf, so folgt für den Zusammenhang zwischen $y1$ und $u1$ (LFT s. Kap. 12.3)

$$y_1 = Lu_1 \ ,$$
$$L := LFT(M, \Delta_2) = M_{11} + M_{12}\Delta_2(I - M_{22}\Delta_2)^{-1}M_{21} \ . \tag{13.23}$$

Die Matrix L kann nur dann berechnet werden, wenn die Determinante von $I - M_{22}\Delta_2$ ungleich Null ist. Dies entspricht jedoch wegen $\Delta_1, \Delta_2 \in B_\Delta$ der Forderung

$$\boxed{\mu_{\Delta_2}(M_{22}) < 1 \ .} \tag{13.24}$$

Wenn Δ_2 Null ist, folgt aus (13.23) $L = M_{11}$. Wir können M_{11} als "ideales" Übertragungsverhalten ansehen, von dem nach Maßgabe von Δ_2 abgewichen wird. Die Blöcke M_{12}, M_{21} und M_{22} geben an, wie sich Δ_2 auf die Änderung auswirkt.

Das Main-Loop-Theorem besagt die Äquivalenz der folgenden Ungleichungen [49]:

$$\boxed{\mu_\Delta(M) < 1 \Leftrightarrow \begin{cases} \mu_{\Delta_2}(M_{22}) < 1 \quad \text{und} \\ \max\limits_{\forall \Delta_2 : \bar{\sigma}[\Delta_2] \le 1} \mu_{\Delta_1}(L) < 1 \ . \end{cases}} \tag{13.25}$$

Es genügt also, $\mu_\Delta(M)$ zu bestimmen, um $\mu_{\Delta_2}(M_{22})$ und $\mu_{\Delta_1}(L)$ zu überprüfen. Auf dem Main-Loop-Theorem beruht die Analyse und Synthese von Regelungen für RP.

Die komplexe Matrix M ist dann der Wert einer Übertragungsfunktion bei einer Frequenz ω, und μ wird eine Funktion von ω.

13.4.2 Analyse robuster Regelqualität

Wir gehen von der allgemeingültigen Struktur in Bild 13.13 aus.

Die Diagonalmatrix Δ besteht aus unbekannten, aber durch $\| \Delta_i \|_\infty \leq 1$ beschränkten komplexen Matrizen bzw. Skalaren. Der Regler K läßt sich in die Übertragungsfunktion P integrieren (LFT(P, K), Bild 13.14).

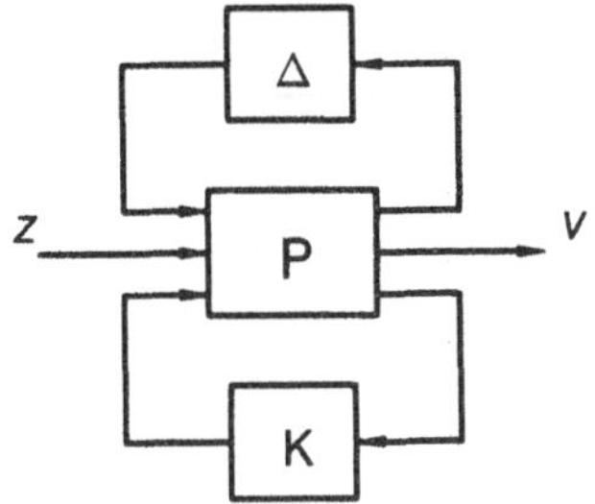

Bild 13.13: Struktur für robuste Regelqualität

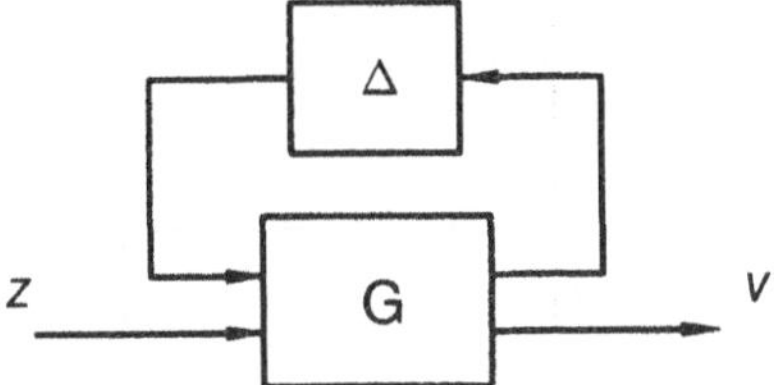

Bild 13.14: Zusammenhang zwischen RP und Main-Loop-Theorem

Die Matrix Δ entspricht der Matrix Δ_2 des Main-Loop-Theorems. Δ bestimmt die Abweichung der Übertragungsfunktion von z nach v bei Anwesenheit von Modellunsicherheiten. Wenn die Dimensionen von z und v gleich sind, läßt sich Δ um den Block Δ_P erweitern. Die Dimension von z und v seien n_{zv}

$$\Delta_G := \begin{bmatrix} \Delta & 0 \\ 0 & \Delta_P \end{bmatrix}, \quad \Delta_P \in \mathbf{C}^{n_{zv} \times n_{zv}}, \tag{13.26}$$

so daß die Struktur nach Bild 13.15 konstruiert werden kann.

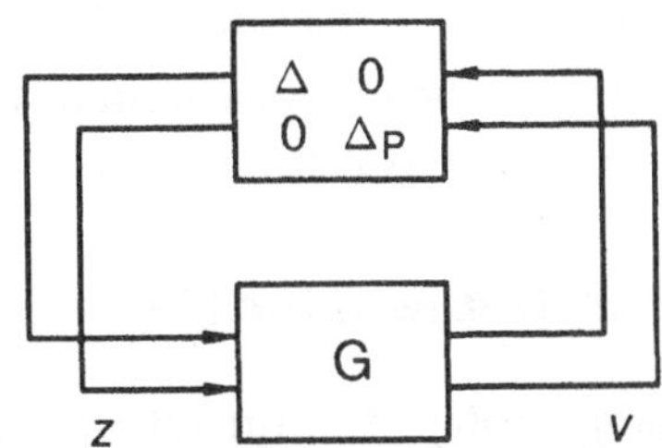

Bild 13.15: Struktur zur Berechnung von μ

G kann man entsprechend partitionieren:

$$G = \begin{bmatrix} G_{11} & G_{12} \\ G_{21} & G_{22} \end{bmatrix} .$$

Wenn nun

$$\boxed{\sup_{\omega \in \mathbf{R}} \mu_{\Delta_G}(G(j\omega)) < 1} \tag{13.27}$$

erfüllt ist, folgen aus dem Main-Loop-Theorem gleichzeitig die Aussagen

$$\boxed{\sup_{\omega \in \mathbf{R}} \mu_{\Delta}(G_{11}(j\omega)) < 1} \tag{13.28}$$

sowie mit der Übertragungsfunktion

$$L := G_{22} + G_{21}\Delta(I - G_{11}\Delta)^{-1}G_{12} \tag{13.29}$$

von z nach v gemäß Bild 13.14

$$\boxed{\sup_{\omega \in \mathbf{R}} \max_{\forall\Delta:\, \bar{\sigma}[\Delta] \leq 1} \mu_{\Delta_P}(L(j\omega)) < 1} \tag{13.30}$$

Die Ungleichung (13.28) ist die Bedingung für robuste Stabilität. Die Übertragungsfunktion L beschreibt, wie sich das Übertragungsverhalten von z nach v durch Δ ändert. Aufgrund von (13.28) ist L für alle $\bar{\sigma}\,[\Delta] \leq 1$ immer stabil.

Je größer die ∞-Norm von L wird, desto mehr verschlechtert sich die Regelqualität.

Ist Δ ein komplexer und quadratischer Block ($\Delta \in \mathbf{C}^{n \times n}$), so folgt aus der Definitionsgleichung (13.11) und aus (13.13)

$$\mu_{\underset{\Delta \in \mathbf{C}^{n \times n}}{\Delta}}(M) = \bar{\sigma}\,[M] \ . \tag{13.31}$$

Wird also der Block Δ_P als $\Delta_P \in \mathbf{C}^{n_{zv} \times n_{zv}}$ gewählt, so kann $\| L \|_\infty$ nach (13.30) den Wert 1 für alle Perturbationen Δ nicht überschreiten. Dies gewährleistet damit robuste Regelqualität im Sinne der ∞-Norm.

13.4.3 Berechnung von Reglern für RP

Da der Verlauf von $\mu_{\Delta_G}[G(j\omega)]$ maßgeblich für robuste Regelqualität ist, liegt es nahe, das Maximum von μ zu minimieren. Bis heute ist kein Verfahren bekannt, das direkt auf einen minimalen Verlauf von μ über der Frequenz führt. Es gibt allerdings einen intuitiven Ansatz, dieses Problem zu lösen. Die Existenz einer Lösung bzw. die Konvergenz des Verfahrens kann nicht garantiert werden; der Ansatz hat sich allerdings in der Praxis gut bewährt.

Der ∞-Norm-optimale Regler minimiert den größten singulären Wert einer Übertragungsfunktion. Über die Obergrenze von μ kann die Minimierung von μ auf den Entwurf einer Folge von ∞-Norm-optimalen Reglern zurückgeführt werden. Das im folgenden beschriebene Verfahren der diagonalen Skalierung geht auf Safonov [53] zurück.

Die Obergrenze zur Berechnung von $\mu_\Delta(M)$ folgt aus (s. (13.15) und (13.16))

$$\mu_\Delta(M) \leq \inf_{D \in \mathbf{D}} \bar{\sigma}\left[DMD^{-1}\right] . \tag{13.32}$$

Wertet man (13.32) mit $M = G(j\omega)$ für alle Frequenzen ω aus, so ist

$$\sup_{\omega \in \mathbf{R}} \bar{\sigma}\left[D(j\omega)G(j\omega)D^{-1}(j\omega)\right] = \| DGD^{-1} \|_\infty$$

die ∞-Norm von DGD^{-1}. Dieser Wert kann erheblich kleiner als $\| G \|_\infty$ sein. Man möchte nun versuchen, das Maximum des Verlaufs von $\mu_{\Delta_G}[G]$ mit $G := \mathrm{LFT}(P(j\omega), K(j\omega))$ (s. Bild 13.16) über der Frequenz ω zu minimieren (µ-*Synthese*).

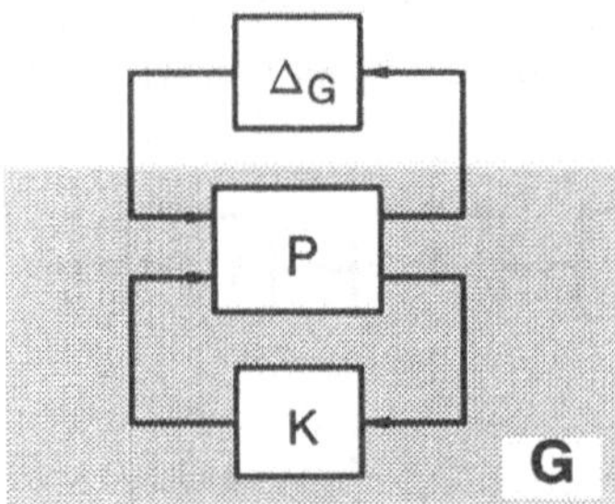

Bild 13.16: Struktur für robuste Regelqualität

Aufgrund der besonderen Struktur von $D \in \mathbf{D}$ ändert sich die ∞-Norm von Δ_G nicht, d.h. es gilt

$$\| D\Delta_G D^{-1} \|_\infty = \| \Delta_G \|_\infty . \tag{13.33}$$

Die Transformation mit D ändert den Bereich der möglichen Unsicherheiten somit nicht (Bild 13.17).

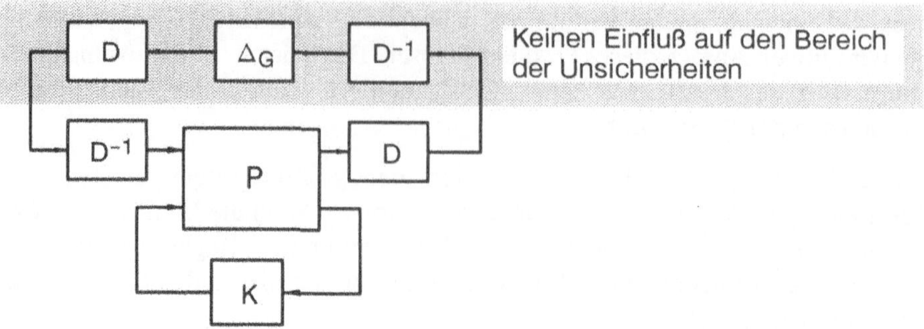

Bild 13.17: Skalierung von P und Δ_G

Man versucht nun, die μ-Synthese auf eine Folge von ∞-Norm-optimalen Entwürfen zurückzuführen, indem man die Übertragungsfunktion P mit D bzw. D^{-1} "skaliert". Wie man aus Bild 13.17 erkennt, muß P für jeden Reglerentwurf durch die "skalierte" Version von P ersetzt werden.

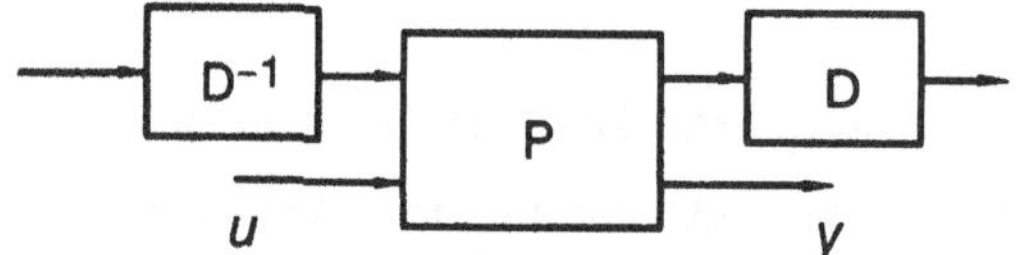

Bild 13.18: Skalierung für μ-Synthese

Wird die Diagonalmatrix D um Einheitsmatrizen I_{nu} bzw. I_{ny} (nu Anzahl der Stellgrößen, ny Anzahl der Meßgrößen) erweitert, so kann man auch P gegen $D_L P D_R{}^{-1}$ ersetzen.

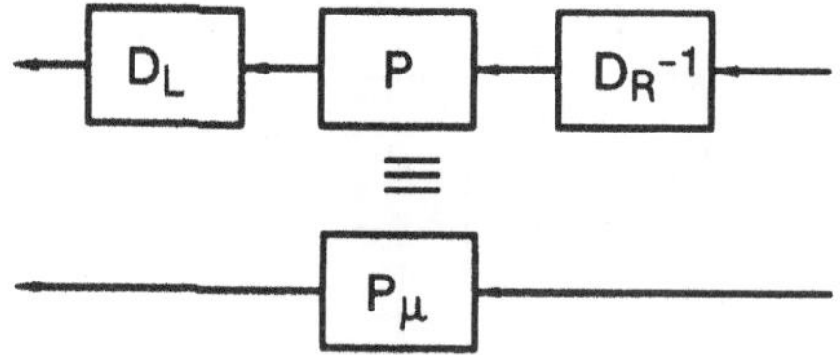

Bild 13.19: Skalierung für μ-Synthese mit D_L und D_R

Dabei ist

$$D_L := \begin{bmatrix} D & 0 \\ 0 & I_{nu} \end{bmatrix} \tag{13.34}$$

und

$$D_R := \begin{bmatrix} D & 0 \\ 0 & I_{ny} \end{bmatrix} \tag{13.35}$$

D kann sowohl eine reelle Matrix als auch eine stabile Übertragungsfunktion sein, die die optimale Skalierung frequenzabhängig approximiert.

Die μ-Synthese kann mit folgendem Ansatz (D-K-Iteration) versucht werden:

1. $D^0(s) = I \;, \quad i = 0 \,.$
2. $D_L^i(s) = \begin{bmatrix} D^i(s) & 0 \\ 0 & I_{nu} \end{bmatrix}, \quad D_R^i = \begin{bmatrix} D^i(s) & 0 \\ 0 & I_{ny} \end{bmatrix}.$
3. $P_\mu = D_L^i P D_R^{i^{-1}} \,.$
4. Berechnung des ∞-Norm-optimalen Reglers K_i mit P_μ als Spezifikation des Entwurfs.
5. Berechnung von $\mu_{\Delta_G}[\mathrm{LFT}(P_\mu, K_i)]$. Dieser Schritt liefert optimale Skalierungen D aus der oberen Grenze von μ. Der Frequenzbereich und die Anzahl N von diskreten Frequenzstützstellen ω_k zur Berechnung von μ müssen vorgegeben werden. Für jeden dieser Frequenzpunkte erhält man einen Wert D_k $(k = 1...N)$.
6. Wenn der Verlauf von μ(ω) kleiner als 1 wird oder in aufeinanderfolgenden Iterationen sich nicht weiter vermindert: **ENDE**
7. Für alle $k = 1...N$ Berechnung von $D_k^{i+1} = D^i(j\omega_k)D_k$

   (D_k ist aus Schritt 5, D_k^{i+1} und D_k sind reelle Matrizen, $D^i(s)$ ist eine Übertragungsfunktion).
   $i := i + 1.$
8. Approximation der optimalen Skalierungen D_k^i durch eine stabile, rationale und invertierbare Übertragungsfunktion $D^i(s)$ vorgebbarer Ordnung.
   Weiter mit Schritt 2.

Im ersten Durchlauf erfolgt ein normaler ∞-Norm-Entwurf (Skalierung mit der Einheitsmatrix).

Bis auf Schritt 8 wurden alle Algorithmen zur μ-Synthese bereits behandelt. Das Problem besteht also nur noch in der Bestimmung der Skalierungsfunktion $D(s)$. In

Schritt 7 wird der Verlauf von μ_{Δ_G} als Funktion der Frequenz berechnet. In diesem Zusammenhang fallen bei der Berechnung der oberen Grenzen für μ_{Δ_G} die Skalierungen D_k für jede berechnete Frequenz an. Man muß nun eine stabile, rationale und invertierbare Übertragungsfunktion $D(s)$ finden, die die Beträge der einzelnen Elemente möglichst gut approximiert.

Die Wahl der Ordnung der Approximation beeinflußt wesentlich den jeweiligen Regler K_i. Wählt man eine kleine Ordnung n, so ist möglicherweise die Approximation schlecht, und μ_Δ wird nicht im gewünschten Maße abgesenkt. Da sich mit der Ordnung n der Regler um die Ordnung $2n \times \dim(\Delta)$ erhöht (P wird mit $D(s)$ und $D^{-1}(s)$ multipliziert), sollte n aber möglichst klein gewählt werden. Die Ordnung des Reglers erhöht sich nur um $2n \times \dim(\Delta)$ und nicht um $2n \times \dim(\Delta_G)$, da die Skalierung von Δ_P immer die Einheitsmatrix ist (13.15). Falls μ nur eine einzelne Spitze aufweist, kann auch eine reelle Matrix D die günstigste Lösung darstellen. In diesem Fall erhöht sich die Ordnung des Reglers natürlich nicht.

Die Ordnung des Reglers erhöht sich *nicht* mit jeder Iteration. Dies ist eine Folge der Multiplikation

$$D_k^{i+1} = D^i(j\omega_k)D_k$$

die für jede Frequenz einzeln ausgeführt wird. Für die diskreten Werte D_k^{i+1} wird dann eine Übertragungsfunktion $D^{i+1}(s)$ erzeugt, die diese Werte approximiert.

13.4.4 Beispiel: Optimierung der robusten Regelqualität

Die Regelung der Flugzeuglängsbewegung einer Boeing 707-321 soll vorgegebene Regeleigenschaften bei einem als unsicher angenommenen Streckenmodell einhalten. Als Beschreibung des Prozesses wird das Modell 4. Ordnung aus Kap. 6.3 verwendet. Eingangsgrößen sind der Schub f sowie der Höhenruderwinkel η. Die Ausgangsgrößen sind die Vortriebsgeschwindigkeit u und der Nickwinkel θ.

Die Berechnung des ∞-Norm-Reglers sowie der μ-Synthese kann nur noch mit Hilfe regelungstechnischer Software erfolgen. In diesem Fall wird MATLAB [44] mit den Toolboxen "Control System", "Mu-Analysis and Synthesis" sowie der "Signal Processing Toolbox" (für die Approximation der Skalierungen D) verwendet. Die zu diesem Beispiel gehörenden Befehle sind in Kap. 13.4.5 aufgelistet. Entsprechende Stellen sind mit den Ziffern [1] - [1][6] markiert. Bild 13.20 zeigt die Sprungantwort der ungeregelten Strecke [1].

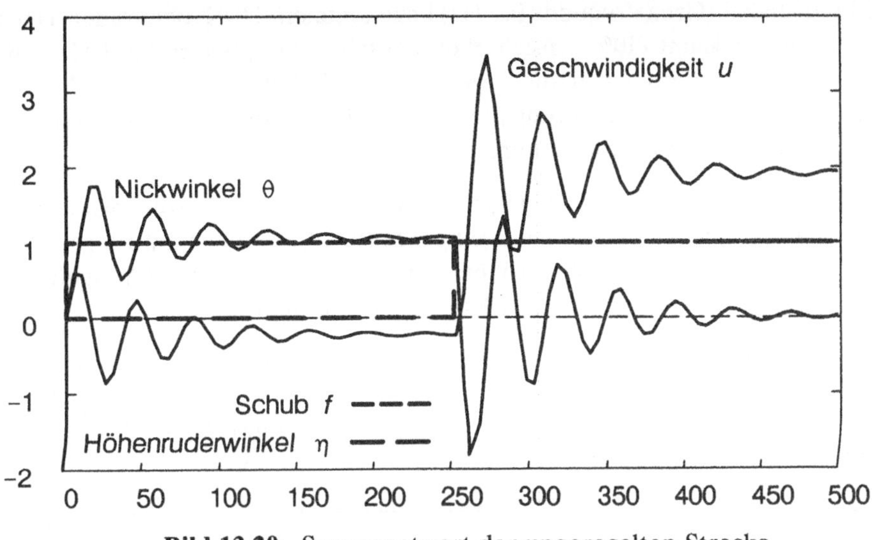

Bild 13.20: Sprungantwort der ungeregelten Strecke

Mit Hilfe der Gewichtsfunktionen W_1 und W_2 (Bild 13.21) werden die Entwurfsziele festgelegt [2]. Die Bezeichnung der Gewichtsfunktionen entspricht der Notation in Bild 13.4.

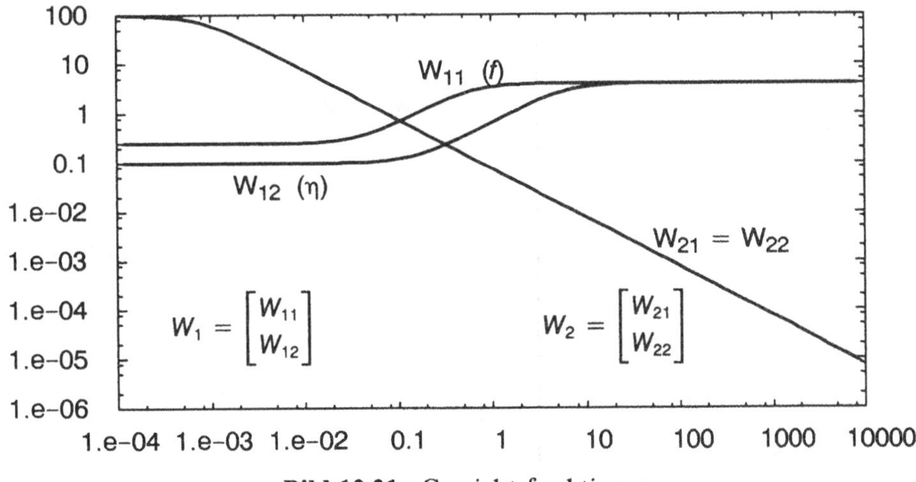

Bild 13.21: Gewichtsfunktionen

Die Gewichtsfunktionen W_{11} und W_{12} beschreiben multiplikative Modellunsicherheiten für den Schub bzw. die Dynamik der Höhenruderverstellung. Für den Schubkanal wird eine Unsicherheit von 25% bei tiefen Frequenzen und 400% bei hohen Frequenzen (Grenzfrequenz 0.1 Hz) angenommen. Die Höhenruder-Dynamik ist genauer bekannt (10% Unsicherheit bei tiefen Frequenzen bis 1 Hz). W_2 beschreibt die Anforderungen an die Regelqualität (1% Fehler bis 0.00012 Hz). Das Ziel des Entwurfes ist die Einhaltung der Regelqualität unter Berücksichtigung der angenommenen Modellunsicherheiten.

Die Gewichtsfunktionen und die Regelstrecke werden zu der Übertragungsfunktion P verbunden [3]. Dieses System hat 6 Eingänge (je 2 Störgrößen am Eingang und Ausgang der Strecke sowie die Stellgrößen f und η) und 6 Ausgänge (Ausgänge der Gewichtsfunktionen W_1, W_2 und die Regelgrößen u und θ).

Mit P ist der ∞-Norm-optimale-Entwurf bereits festgelegt, und der optimale Regler K kann berechnet werden [4]. Die Regelung wird mit einem System mit der Eingangsgröße w und den Ausgangsgrößen y und u simuliert [5], [6]. Das Ergebnis ist in Bild 13.22 dargestellt.

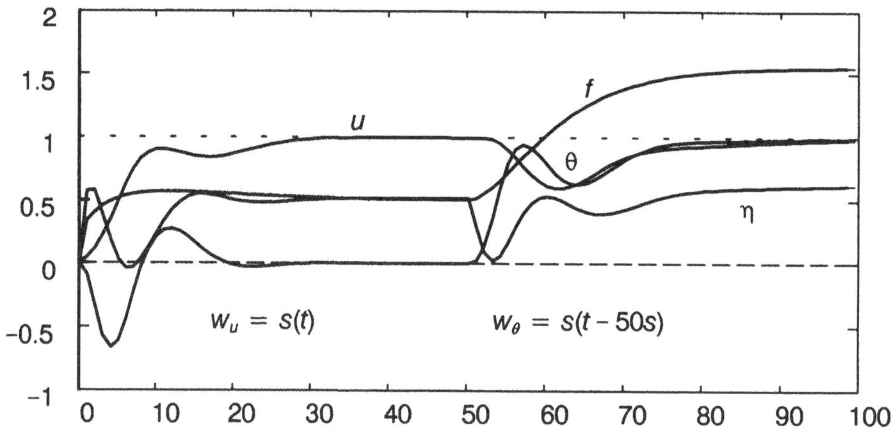

Bild 13.22: ∞-Norm-Entwurf (robuste Stabilität, nominelle Regelqualität)

Um entscheiden zu können, ob die Regelung robuste Regelqualität gewährleistet, muß die Funktion $\mu_{\Delta_G}(M)$ aufgetragen werden. Δ_G hat dabei die Form [7]

$$\Delta_G = \begin{bmatrix} \delta_1 & 0 & 0 & 0 \\ 0 & \delta_2 & 0 & 0 \\ 0 & 0 & \Delta_{P11} & \Delta_{P12} \\ 0 & 0 & \Delta_{P21} & \Delta_{P22} \end{bmatrix}.$$

Die Skalare δ_1 und δ_2 stehen für die Unsicherheiten an den Eingängen u und η der Strecke. Der komplexe Block Δ_P ist nach (13.26) eine 2x2-Matrix. Der strukturierte singuläre Wert μ [8] ist in Bild 13.23 über der Frequenz (rad/s) aufgetragen. Es werden stets untere und obere Grenze von μ aufgetragen. Wie man erkennt, liegen beide Grenzen sehr eng beieinander.

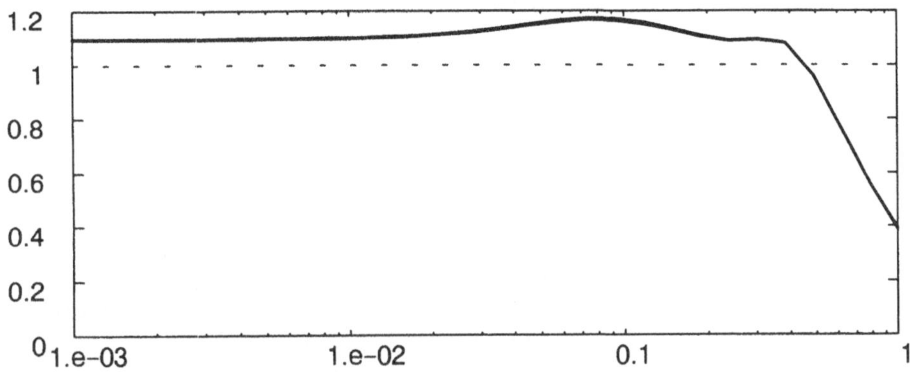

Bild 13.23: μ-Plot für ∞-Norm Entwurf (robuste Regelqualität)

Da μ in einem weiten Frequenzbereich größer als 1 verläuft, ist robuste Regelqualität nicht gegeben (13.30). Mit Hilfe der μ-Synthese, d.h. einer Folge von Skalierungen und ∞-Norm-optimalen Reglerentwürfen kann der Verlauf von μ geglättet und damit abgesenkt werden. Wenn es gelingt, daß der Verlauf von μ nicht größer als 1 wird, ist Regelqualität für alle angenommenen Unsicherheiten gewährleistet.

Es schließen sich 5 D-K-Iterationen an ([9] - [1][7]). Wie anhand der 1. Iteration erläutert wird, umfaßt jede Iteration die Approximation der Beträge der Skalierungen D durch rationale Übertragungsfunktionen D_L und D_R. Diese Übertragungsfunktionen unterscheiden sich nur durch die Dimension der Einheitsmatrix in der rechten unteren Ecke von D_L bzw. D_R (13.34), (13.35). Die Übertragungsfunktionen sind nur identisch, wenn die Anzahl der Meßgrößen n_y gleich der Anzahl der Stellgrößen n_u ist. Diese Einschränkung besteht aber nicht.

Es schließt sich die Skalierung der Übertragungsfunktion P mit $D_L(s)$ bzw. mit $D_R^{-1}(s)$ an [1][1]. Für die so skalierte Übertragungsfunktion wird ein neuer ∞-Norm-optimaler Regler bestimmt [1][2]. Die sich aus diesem Entwurf ergebende Funktion $\mu_{\Delta_G}(\mathrm{LFT}(P,K))$ als Funktion der Frequenz [1][3] ist in Bild 13.24 dargestellt.

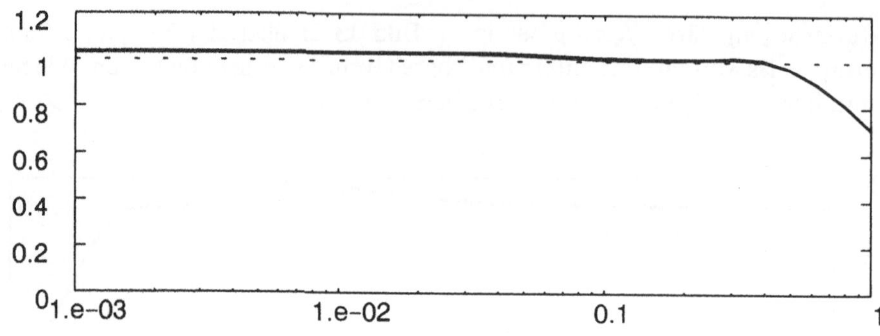

Bild 13.24: μ–Plot, D–K–Iteration #1

Man erkennt, daß μ nun flacher verläuft. Der Regler gewährleistet jedoch noch nicht robuste Regelqualität, da die Funktion in einem weiten Bereich größer als 1 ist. Vier weitere Iterationsschritte führen zu folgenden Ergebnissen.

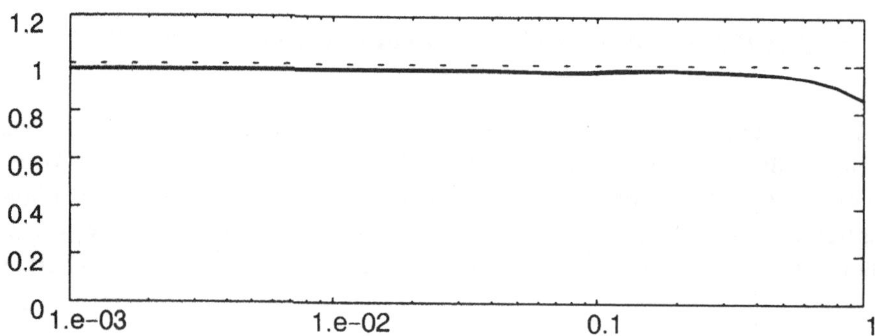

Bild 13.25: μ–Plot, D–K–Iteration #2

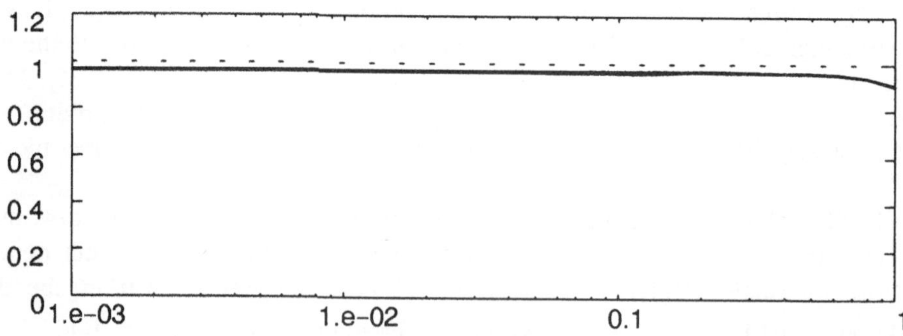

Bild 13.26: μ–Plot, D–K–Iteration #3

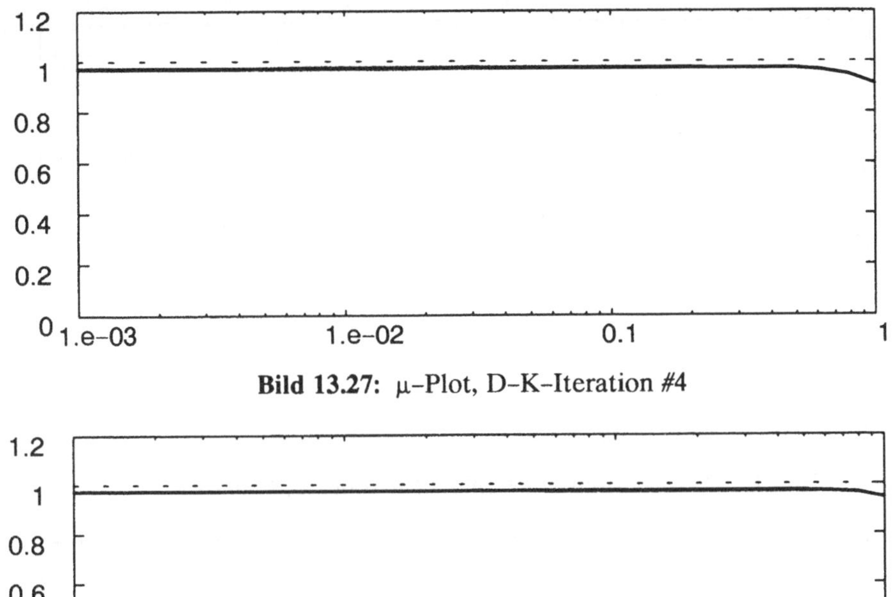

Bild 13.27: μ-Plot, D-K-Iteration #4

1.2
1
0.8
0.6
0.4
0.2
0
1.e-03
1.e-02
0.1
1

Bild 13.28: μ-Plot, D-K-Iteration #5

Nach 5 Iterationen läßt sich der Verlauf von μ nicht weiter vermindern, das Verfahren kann somit abgebrochen werden.

Der Verlauf von μ ist nun über den gesamten Frequenzbereich kleiner als 1. Damit gewährleistet der Regler robuste Regelqualität bezogen auf die in der Gewichtsfunktion W_1 spezifizierten Modellunsicherheiten.

In Bild 13.29 wurde die Sprungantwort des geschlossenen Kreises bezogen auf Sollwertänderungen simuliert. Gegenüber dem ∞-Norm-Entwurf mit P (Bild 13.22) fällt auf, daß die Stellgrößenaktivität wesentlich stärker ausgeprägt ist. Die Gewichtsfunktion W_1 (Bild 13.4) hat eine doppelte Bedeutung. Zum einen beschreibt W_1 die Modellunsicherheiten, zum zweiten bewirkt W_1 eine Bewertung der Stellgröße. Die Skalierung mit D hebt die Stellgrößenbewertung zugunsten der robusten Regelqualität auf. Durch Einsatz eines Führungsgrößenfilters 1. Ordnung [2] [1] kann der Effekt erhöhter Stellgrößen jedoch einfach vermieden werden (Bild 13.30).

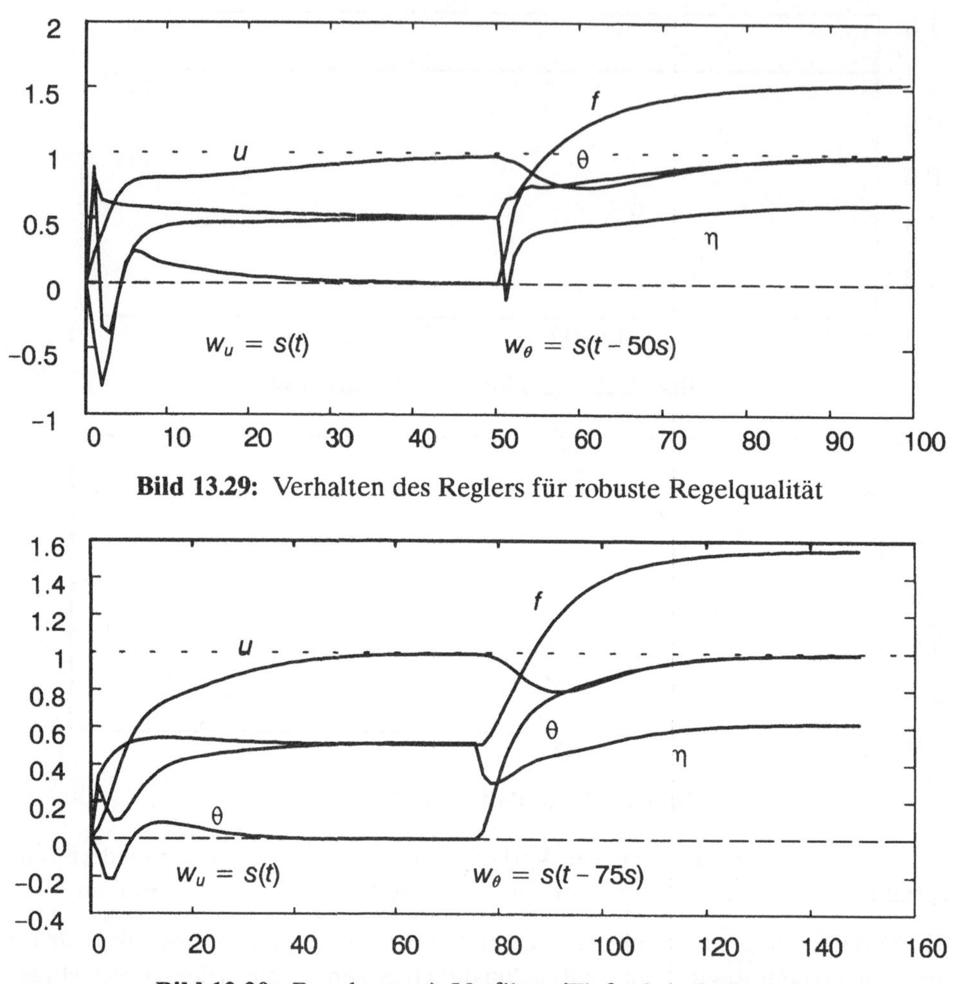

Bild 13.29: Verhalten des Reglers für robuste Regelqualität

Bild 13.30: Regelung mit Vorfilter (Tiefpaß 1. Ordnung)

Die μ-Synthese führt auf Regler hoher Ordnung. Die Ordnung des Reglers setzt sich in diesem Beispiel wie folgt zusammen:

Ordnung der Strecke	4
Ordnung von W_1	2
Ordnung von W_2	2
Ordnung von $D_L(s)$	2
Ordnung von $D_R(s)$	2
Ordnung des Reglers	12

Häufig ist es möglich durch Ordnungsreduktions-Verfahren die Ordnung des Reglers bei annähernd gleichen Eigenschaften erheblich zu reduzieren. Die Anzahl der notwendigen Rechenoperationen kann auch durch Transformation auf die in Kap. 2.1.1 und 2.4 behandelten Normalformen erheblich reduziert werden, da die meisten Elemente der Systemmatrix Null oder Eins sind.

Bei vielen Entwurfsaufgaben ist robuste Regelqualität eine elementare Forderung. Mit Hilfe der μ-Synthese kann dieses Problem systematisch behandelt werden.

Auch wenn der Einsatz dieser Art von Regelungen in vielen Fällen für die Praxis zu aufwendig ist, der Umgang mit diesen Verfahren gibt jedoch darüber Aufschluß, welche Ergebnisse mit modernen Methoden erreichbar sind.

13.4.5 MATLAB-Befehle zum Beispiel 13.4.4 (Entwurf eines Regles für robuste Regelqualität)

```
>> % Frequenzbereich, Zeitachse, Anregung
>> om=logspace(-4,4,100)';
>> t=linspace(0,99.5,100)';
>> u=ones(100,2);
>> u(1:50,2)=zeros(50,1);

>> % Regelstrecke
>> [a,b,c,d]=b11;
>> G=pck(a,b,c,d);
>> seesys(G)
  -4.6e-02  1.1e-01  0.0e+00 -1.7e-01  |  1.6e-01  2.1e-03
  -1.7e-01 -5.2e-01  1.0e+00  6.4e-03  |  8.2e-03 -3.0e-02
   1.5e-01 -5.5e-01 -9.1e-01 -1.5e-03  |  9.2e-02 -7.5e-01
   0.0e+00  0.0e+00  1.0e+00  0.0e+00  |  0.0e+00  0.0e+00
  -------------------------------------|------------------
   1.0e+00  0.0e+00  0.0e+00  0.0e+00  |  0.0e+00  0.0e+00
   0.0e+00  0.0e+00  0.0e+00  1.0e+00  |  0.0e+00  0.0e+00

>> minfo(G)
   system:   4 states     2 outputs     2 inputs

>> y=lsim(a,b,c,d,u,5*t);                          [1]
>> plot(5*t,y)                                     [ Bild 13.20 ]

>> % Gewichtsfunktion W1 (Robustheit)
>> [a,b,c,d]=wgtlo(0.25,4.0,1.0E-1);
>> Wx1=pck(a,b,c,d);
>> [a,b,c,d]=wgtlo(0.1,4.0,1.0E0);
```

```
>> Wx2=pck(a,b,c,d);
>> W1=daug(Wx1,Wx2);
>> [a,b,c,d]=wgtlo(100,0,1.2E-4);
>> Wx1=pck(a,b,c,d);
>> W2=daug(Wx1,Wx1);
>> fw1=frsp(W1,om);
>> fw2=frsp(W2,om);
>> fw=sbs(fw1,fw2);                                  [2]
>> vplot('liv,lm',fw)                               [ Bild 13.21 ]
>> clear Wx1 Wx2 fw1 fw2

>> % Aufbau der Struktur P
>> systemnames = 'G W1 W2';
>> inputvar = '[ z1(2); z2(2); u(2) ]';
>> outputvar = '[ W1; W2; G + z2 ]';
>> input_to_G = '[ u + z1 ]';
>> input_to_W1 = '[ u ]';
>> input_to_W2 = '[ G + z2 ]';
>> sysoutname = 'PP';
>> cleanupsysic = 'yes';
>> sysic                                              [3]

>> % ######### D-K-Iteration 0 ###############
>> % Entwurf des Inf-Norm-Reglers fuer nominelle
     Regelqualitaet und robuste Stabilitaet.
>> [K,GW]=hinfsyn(PP,2,2,0.75,1.25,0.01);             [4]
   Gamma value achieved:      1.1719

>> % Geschlossener Kreis mit den Ausgangsgroessen y und u.
>> systemnames = ' K  G ';
>> inputvar = '[ w(2) ]';
>> outputvar = '[ G;   -K ]';
>> input_to_K = '[ w - G ]';
>> input_to_G = '[ -K ]';
>> sysoutname = 'GCL';
>> cleanupsysic = 'yes';
>> sysic                                              [5]

>> [A,B,C,D]=unpck(GCL);
>> y=lsim(A,B,C,D,u,t);                               [6]
>> plot(t,y)                                        [ Bild 13.22 ]

>> K0=K;
>> GCL0=GCL;
>> GW0=GW;
>> w=logspace(-3,0,30);
>> blk=[1 1; 1 1; 2 2];                               [7]
```

```
>> fg=frsp(GW,w);
>> [bnds,dvec,sens,pvec]=mu(fg,blk);                    [8]
>> vplot('liv,d',bnds)                             [Bild 13.23]
>> % ######### D-K-Iteration 1 ###############
>> [dL1,dR1]=musynfit('first',dvec,sens,blk,2,2);             [9]
>> PP1=mmult(dL1,PP,minv(dR1));                         [11]
>> minfo(dL1),minfo(dR1)
   system:   2 states      6 outputs     6 inputs
   system:   2 states      6 outputs     6 inputs
>> minfo(PP1)
   system:   12 states     6 outputs     6 inputs
>> [K,GW]=hinfsyn(PP1,2,2,0.75,1.25,0.01);              [12]
   Gamma value achieved:        1.0349
>> fg=frsp(GW,w);
>> bnds0=bnds;
>> [bnds,dvec,sens,pvec]=mu(fg,blk);                    [13]
>> vplot('liv,d',bnds)                             [Bild 13.24]
>> % ######### D-K-Iteration 2 ###############
>> [dL2,dR2]=musynfit(dL1,dvec,sens,blk,2,2);           [14]
>> PP2=mmult(dL2,PP,minv(dR2));
>> [K,GW]=hinfsyn(PP2,2,2,0.75,1.25,0.01);
   Gamma value achieved:        0.9784
>> fg=frsp(GW,w);
>> [bnds,dvec,sens,pvec]=mu(fg,blk);
>> vplot('liv,d',bnds)                             [Bild 13.25]
>> % ######### D-K-Iteration 3 ###############
>> [dL3,dR3]=musynfit(dL2,dvec,sens,blk,2,2);           [15]
>> PP3=mmult(dL3,PP,minv(dR3));
>> [K,GW]=hinfsyn(PP3,2,2,0.75,1.25,0.01);
   Gamma value achieved:        0.9650
>> fg=frsp(GW,w);
>> [bnds,dvec,sens,pvec]=mu(fg,blk);
>> vplot('liv,d',bnds)                             [Bild 13.26]
>> % ######### D-K-Iteration 4 ###############
>> [dL4,dR4]=musynfit(dL3,dvec,sens,blk,2,2);           [16]
>> PP4=mmult(dL4,PP,minv(dR4));
>> minfo(PP4)
   system:   12 states     6 outputs     6 inputs
>> [K,GW]=hinfsyn(PP4,2,2,0.75,1.25,0.01);
   Gamma value achieved:        0.9750
>> fg=frsp(GW,w);
>> [bnds,dvec,sens,pvec]=mu(fg,blk);
>> vplot('liv,d',bnds)                             [Bild 13.27]
```

```
>> % ######### D-K-Iteration 5 ###############
>> [dL5,dR5]=musynfit(dL4,dvec,sens,blk,2,2);   1 7
>> PP5=mmult(dL5,PP,minv(dR5));
>> minfo(PP5)
   system:   12 states      6 outputs      6 inputs
>> [K,GW]=hinfsyn(PP5,2,2,0.75,1.25,0.01);
   Gamma value achieved:      0.9750
>> fg=frsp(GW,w);
>> [bnds,dvec,sens,pvec]=mu(fg,blk);             1 8
>> vplot('liv,d',bnds)                     [ Bild 13.28 ]

>> Geschlossener Kreis mit den Ausgangsgroessen y und u.
>> systemnames = ' K  G ';
>> inputvar = '[ w(2) ]';
>> outputvar = '[ G;  -K ]';
>> input_to_K = '[ w - G ]';
>> input_to_G = '[ -K ]';
>> sysoutname = 'GCL';
>> cleanupsysic = 'yes';
>> sysic                                          1 9

>> [A,B,C,D]=unpck(GCL);
>> y=lsim(A,B,C,D,u,t);
>> plot(t,y)                               [ Bild 13.29 ]

>> [a,b,c,d]=wgtlo(1.0, 0.0, 0.05);
>> F=pck(a,b,c,d);
>> pf=daug(F, F);
>> [a,b,c,d]=unpck(pf);
>> u2=lsim(a,b,c,d,u,t);                          2 1
>> y=lsim(A,B,C,D,u2,1.5*t);
>> plot(1.5*t,y)                           [ Bild 13.30 ]
```

Literaturverzeichnis

[1] Ackermann. J.: Abtastregelung - Band I: Analyse und Synthese. Springer, Berlin, 1983

[2] Adams, D.: The Hitchhikers's Guide to the Galaxy. Pocket, New York, 1982

[3] Bode, H. W.: Network Analysis and Feedback Amplifier Design. Van Nostrand, New York, 1945

[4] Robert Bosch GmbH: Kraftfahrtechnisches Taschenbuch. VDI-Verlag, 1987

[5] Boyd, S., V. Balakrishnan und P. Kabamba. On Computing the H_∞-Norm of a Transfer Matrix. Mathematics of Control, Signals, and Systems, 1988

[6] Brockhaus, R.: Entwurf von Mehrgrößenregelsystemen. Vorlesungsmanuskript, TU Braunschweig, Institut für Flugführung, 1985

[7] Bronstein, I. N., K. A. Semendjajew, G. Musiol und H. Mühlig: Taschenbuch der Mathematik. Verlag Harri Deutsch, Frankfurt/Main, 1993

[8] Callier, F. M. und C. A. Desoer: Multivariable Feedback Systems. Springer, Berlin, 1982

[9] Chiang, R. Y., M. G. Safonov, K. Haiges, K. Madden und J. Tekawy: A Fixed H_∞ Controller for a Supermaneuverable Fighter Performing the Herbst Maneuver. Automatica, Vol. 29, S. 111–127, 1993

[10] Chiang, R. Y. und M. G. Safonov: Robust Control Toolbox. The Mathworks, Inc., 1993

[11] Desoer, C. A., R. W. Liu, J. Murray und R. Saeks: Feedback System Design: The Fractional Representation Approach to Analysis and Synthesis. IEEE Trans. Auto. Control, Vol. AC-25, S. 399–412, 1980

[12] Dongarra, J., C. Moler und G. Steward: LINPACK User's Guide.
SIAM, Philadelphia, 1979

[13] Doyle, J. C.: Guaranteed Margins for LQG regulators.
IEEE Trans. Auto. Control, Vol. AC-23, S. 756-757, 1978

[14] Dolyle, J. C.: Analysis of Feedback Systems with Structured Uncertainties.
IEE Proceedings, Vol. 129, Part D, Nr. 6, S. 242-250, 1982

[15] Doyle, J. C.: A Review of μ for Case Studies in Robust Control.
10th IFAC World Congress on Autom. Contr., Vol. 8, S. 395-402, 1987

[16] Doyle, J. C. und G. Stein: Multivariable Feedback Design: Concepts for a Classical Modern Synthesis.
IEEE Trans. Auto. Control, Vol. AC-26, S. 4-16, 1981

[17] Doyle, J. C.: Advances in Multivariable Control.
Lecture Notes at ONR/Honeywell Workshop, Minneapolis, 1884

[18] Doyle, J. C., K. Glover, P. Khargonekar und B. A. Francis: State-Space Solutions to Standard H_2 and H_∞ Control Problems.
IEEE Trans. Auto. Control, Vol. AC-34, S. 831-847, 1989

[19] Doyle, J. C., B. A. Francis und A. R. Tannenbaum: Feedback Control Theory.
Macmillan, New York, 1992

[20] Duren P.: Theory of H_p Spaces.
Academic Press, New York, 1970

[21] Enns, D. F.: Rocket Stabilization as a Structured Singular Value Synthesis Design Example.
IEEE Control Systems, June 1991

[22] Föllinger. O.: Regelungstechnik.
Hüthig, Heidelberg, 1985

[23] Francis, B. A. und G. Zames: On H_∞-Optimal Sensitivity Theory for SISO Feedback Systems.
IEEE Trans. Auto. Control, Vol. AC-29, S. 9-16, 1984

[24] Francis, B. A.: A Course on H_∞ Control Theory.
Lecture Notes in Control and Inform. Sciences, Vol. 88, 1987

[25] Garbow, B. J. Boyle, J. Dongarra und C. Moler:
Matrix Eigensystem Routines - EISPACK Guide Externsion.
Springer, Berlin, 1977

[26] Garcia, E. C. und M. Morari: Internal Model Control: 1. A Unifying Review and Some New Results.
Industr. and Eng. Chemistry Process Design and Development, Vol. 21, S. 308-323, 1982

[27] Geering, H.: Regelungstechnik.
Springer, Heidelberg, 1994

[28] Glover, K., D. J. N. Limebeer, J. C. doyle, E. M. kasenally und M. G. Savonof: State Space Formulae for All Stabilizing Controllers that Satisfy an H^{∞}-Norm Bound and Relations to Risk Sensitivity.
Systems and Control Letters, Vol. 11, S. 167-172, 1988

[29] Golub, G. H. und C. F. van Loan: Matrix Computations.
John Hopkins Univ. Press, Baltimore, 1983

[30] Horowitz, I. M.: Synthesis of Feedback Systems.
Academic Press, New York, 1964

[31] IEEE Trans. Auto. Control: Special Issue on Linear-Quadratic-Gaussian Estimation and Control Problem.
IEEE Trans. Auto. Control, Vol. AC-16, S. 527-869, 1971

[32] Isermann, R.: Digitale Regelsysteme - Band I: Grundlagen, Deterministische Regelungen.
Springer, Berlin, 1987

[33] Johnson M. A. und M. J. Grimble: Recent Trends in Linear Optimal Quadratic Mutlivariable Control System Desgin.
IEE Proceedings. Vol. 134, Pt. D., 1987

[34] Kalman R. E.: When is a Linear Control System Optimal?
Transaction of the A.S.M.E. D, 86, S. 51-60, 1964

[35] Koosis, P.: Introduction to H_p Spaces.
Cambridge University Press, Cambridge MA, 1980

[36] Kwakernaak, H. und R. Sivan: Linear Optimal Control Systems.
Wiley, New York, 1972

[37] Leonhard, W.: Statistische Analyse linearer Regelsysteme. Teubner, Stuttgart, 1973

[38] Leonhard, W.: Digitale Signalverarbeitung in der Meß- und Regelungstechnik. Teubner, Stuttgart, 1989

[39] Leonhard, W.: Einführung in die Regelungstechnik. Vieweg, Braunschweig, 1981

[40] Linnemann, A: Numerische Nethoden für lineare Regelungssysteme. BI-Wissenschafts-Verlag, Mannheim, 1993

[41] Little, J. N. und A. J. Laub: Control Systems Toolbox User's Guide. The Mathworks, Inc., 1990

[42] Luenberger, D. G.: Observing the State of a Linear System. IEEE Transactions on Military Electronics, Nr. 8, S. 74-80, 1964

[43] Maciejowski, J. M.: Multivariable Feedback Design. Addison-Wesley, Wokingham, England, 1989

[44] Matlab User's Guide. The Mathworks, Inc., 1989

[45] Morari, M. und E. Zafiriou: Robust Process Control. Prentice-Hall, London, 1989

[46] Müller, K. und W. Leonhard: Computer Control of a Robotic Driver. Proceedings of IECON 92, San Diego, 1992

[47] Müller, K.: Minimale Realisierung von stationär genauen H_2/H_∞-Reglern. Automatisierungstechnik, 41, S. 205-214, 1993

[48] Nett, C. N., C. A. Jacobson und M. J. Balas: A Connection between state space and double coprime fractional representations. IEEE Trans. Auto. Control, Vol. AC-29, S. 831-832, 1984

[49] Packard, A. und J. C. Doyle: The Complex Structured Singular Value. Automatica, Vol. 29, S. 71-109, 1993

[50] Postlethwaite, I und A. G. MacFarlane: A Complex Variable Approach to the Analysis of Linear Multivariable Feedback Systems. Springer, Berlin, 1979

[51] Rosenbrock, H. H.: State-Space and Multivariable Theory.
Nelson, London, 1970

[52] Sandberg, I. W.: A Frequency-Domain Condition for the Stability of Feedback Systems Containing a Sngle Time-Varying Nonlinear Element.
Bell Systems Technical Journal, Vol. 43, S. 1581-1599

[53] Safonov, M.: Stability Margins of Diagonally Perturbed Multivariable Feedback Systems.
IEE Proc., Vol. 129, Part D, No. 2, S. 252-255, 1982

[54] Safonov, M., E. A. Jonckhere, M. Verma und D. J. N. Limebeer: Synthesis of Positive Real Multivariable Feedback Systems.
Int. Journal of Control, Vol. 45, Nr. 3, S. 817-842, 1987

[55] Safonov, M., D.J.N. Limebeer und R.Y. Chiang: Simplifying the H^{∞} Theory via Loop Shifting, Matrix Pencil and Descriptor Concepts.
Int. J. of Control, Vol. 50, Nr.. 6, S. 2467-2488, 1989

[56] Siemens AG: Technische Tabellen, Größen, Formeln, Begriffe.
Siemens AG, 1993

[57] Smith, B., J. Boyle, J. Dongarra, B. Garbow, Y. Ikube, V. Klema und C. Moler:
Matrix Eigensystem Routines - EISPACK Guide.
Springer, Berlin, 1976

[58] Stein, G. und M. Athans: The LQG/LTR Procedure for Multivariable Feedback Control Design.
IEEE Trans. Auto. Control, Vol. AC-32, S. 105-114, 1987

[59] Tannenbaum, A.: Invariance and System Theory. Algebraic and Geometric Aspects.
Lecture Notes in Mathematics, Vol. 845, Springer Verlag, Berlin, 1981

[60] Unbehauen, H.. Regelungstechnik III. Indentifikation, Adaption, Optimierung.
Vieweg, Braunschweig, 1985

[61] Vidyasagar, M.: Control System Synthesis: A Factorization Approach.
MIT Press, Cambridge, MA, 1985

[62] Wiener, N.: Cybernetics.
M.I.T., Boston, 1948

[63] Wilson, D.: Convolution and Hankel Operator Norms for Linear Systems.
IEEE Trans. Auto. Control, Vol. AC–34, S. 94–97, 1989

[64] Wonham, M.: Linear Multivariable Systems.
Springer, Berlin, 1974

[65] Youla, D. C., H. A. Jabr und J. J. Bongiorno, Jr.: Modern Wiener–Hopf Design of Optimal Controllers - Part I: The Single Input–Output Case.
IEEE Trans. Auto. Control, Vol. AC–21, S. 3–13, 1976

[66] Youla, D. C., H. A. Jabr und J. J. Bongiorno, Jr.: Modern Wiener–Hopf Design of Optimal Controllers - Part II: The Multivariable Case.
IEEE Trans. Auto. Control, Vol. AC–21, S. 319–338, 1976

[67] Young, P. M. und J. C. Doyle: Computation of μ with Real and Complex Uncertainties.
Proc. of the 29th IEE Conf. on Decision and Control, S. 1230–1235, 1990

[68] Zames, G.: On the Input–Output Stability of Time–Varying Nonlinear Feedback Systems.
Part I, IEEE Trans. Auto. Control, Vol. AC–11, S. 228–238, 1966,
Part II, IEEE Trans. Auto. Control, Vol. AC–11, S. 465–476, 1966

[69] Ziegler, J. G. und N. B. Nichols: Process Lags in Automatic–Controlled Circuits.
Transaction of the A.S.M.E., 65, S. 433–444, 1943

Mathematischer Anhang

A Matrizenrechnung

A.1 Rechenregeln für Transposition und Inversion

$$(AB)^T = B^T A^T$$

$$(AB)^{-1} = B^{-1} A^{-1}$$

A.1 Rechenregeln für Determinanten

$$\det[A] = \det[A^T] = \prod_{i=1}^{n} \lambda_i\,[A]$$

$$|\det[A]| = \prod_{i=1}^{n} \sigma_i\,[A]$$

$$\det[AB] = \det[A]\,\det[B]\,, \qquad (A,\ B,\ \text{quadratisch})$$

$$\det\begin{bmatrix} A_{n\times n} & 0_{n\times m} \\ C_{m\times n} & B_{m\times m} \end{bmatrix} = \det[A_{n\times n}]\,\det[B_{m\times m}]$$

A.2 Matrix–Analysis

Die Vektoren x und a haben gleiche Dimension. Die Matrix S sei symmetrisch. Dann gelten folgende Gleichungen für die Ableitung nach x:

$$\frac{d}{dx}(x^T a) = a$$

$$\frac{d}{dx}(a^T x) = a$$

$$\frac{d}{dx}(x^T S x) = 2Sx$$

B Rechenregeln für Zustandsdarstellungen

Die für Übertragungsfunktionen bekannten Operationen wie Serien-, Parallelschaltung, Inversion oder Rückkopplung können auch einfach mit Zustandsdarstellungen durchgeführt werden. Die Darstellung von $G(s)$ in der Form

$$G(s) = \left[\ [A]\ ,\ [B]\ ,\ [C]\ ,\ [D]\ \right]$$

ist dabei eine andere Schreibweise für

$$G(s) = C(sI - A)^{-1}B + D\ .$$

Die Übertragungsfunktion G_1 und G_2 werden entsprechend bezeichnet.

$$G_1(s) = \left[\ [A_1]\ ,\ [B_1]\ ,\ [C_1]\ ,\ [D_1]\ \right]$$

$$G_2(s) = \left[\ [A_2]\ ,\ [B_2]\ ,\ [C_2]\ ,\ [D_2]\ \right]$$

B.1 Basistransformation der Zustandsgrößen

$$G(s) = \left[\ [T^{-1}AT]\ ,\ [T^{-1}B]\ ,\ [CT]\ ,\ [D]\ \right]$$

B.2 Inversion

$$G^{-1}(s) = \left[\ [A - BD^{-1}C]\ ,\ [BD^{-1}]\ ,\ [-D^{-1}C]\ ,\ [D^{-1}]\ \right]$$

B.3 Konjugiert komplexe Transposition

$$G^{*}(s) = \left[\ [-A^{T}]\ ,\ [-C^{T}]\ ,\ [B^{T}]\ ,\ [D^{T}]\ \right]$$

B.4 Parallelschaltung

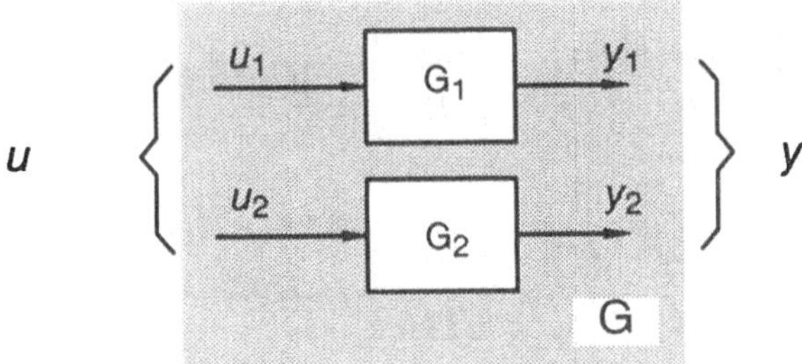

$$G(s) = \begin{bmatrix} G_1 & 0 \\ 0 & G_2 \end{bmatrix}$$

$$= \left[\begin{bmatrix} A_1 & 0 \\ 0 & A_2 \end{bmatrix}, \begin{bmatrix} B_1 & 0 \\ 0 & B_2 \end{bmatrix}, \begin{bmatrix} C_1 & 0 \\ 0 & C_2 \end{bmatrix}, \begin{bmatrix} D_1 & 0 \\ 0 & D_2 \end{bmatrix} \right]$$

B.5 Addition

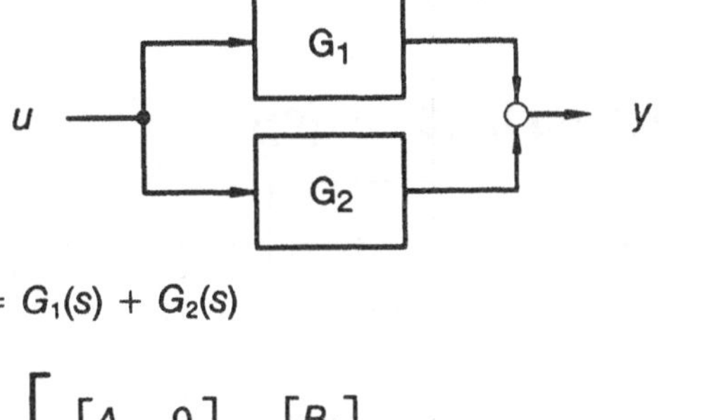

$$G(s) = G_1(s) + G_2(s)$$

$$= \left[\begin{bmatrix} A_1 & 0 \\ 0 & A_2 \end{bmatrix}, \begin{bmatrix} B_1 \\ B_2 \end{bmatrix}, \begin{bmatrix} C_1 & C_2 \end{bmatrix}, \begin{bmatrix} D_1 + D_2 \end{bmatrix} \right]$$

B.6 Multiplikation

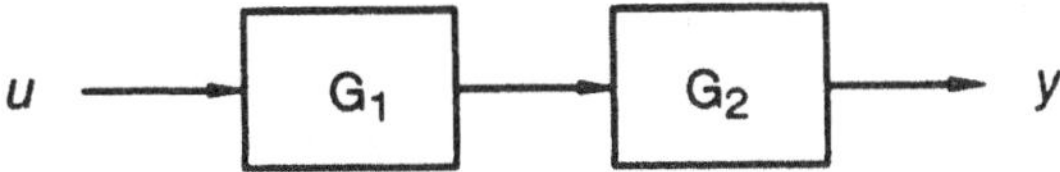

$$G(s) = G_2(s)G_1(s)$$

$$= \left[\begin{bmatrix} A_2 & B_2C_1 \\ 0 & A_1 \end{bmatrix}, \begin{bmatrix} B_2D_1 \\ B_1 \end{bmatrix}, \begin{bmatrix} C_2 & D_2C_1 \end{bmatrix}, \begin{bmatrix} D_2D_1 \end{bmatrix} \right]$$

$$= \left[\begin{bmatrix} A_1 & 0 \\ B_2C_1 & A_2 \end{bmatrix}, \begin{bmatrix} B_1 \\ B_2D_1 \end{bmatrix}, \begin{bmatrix} D_2C_1 & C_2 \end{bmatrix}, \begin{bmatrix} D_2D_1 \end{bmatrix} \right]$$

B.7 Rückkopplung I (D_1 = [0])

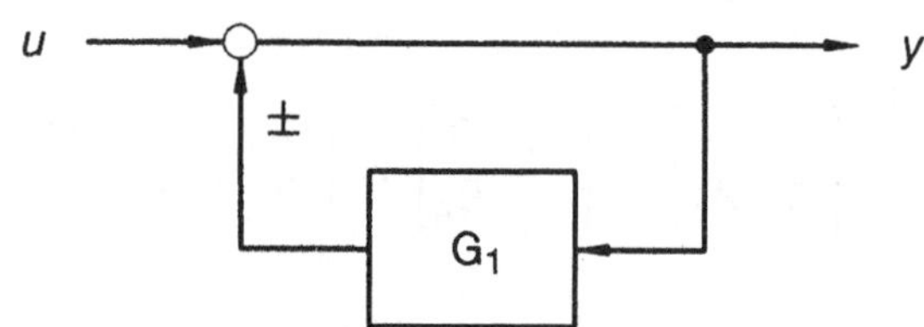

$$G(s) = (I \mp G_1)^{-1}$$

$$= \left[[A_1 \pm B_1C_1], [B_1], [\pm C_1], [I] \right]$$

B.8 Rückkopplung II (D_1 = [0])

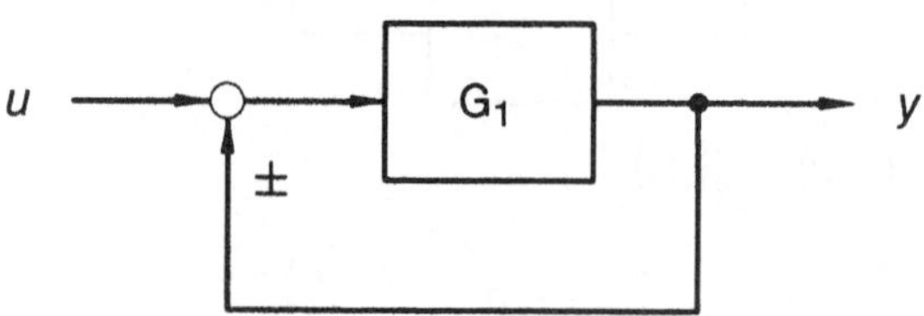

$$G(s) = G_1(I \mp G_1)^{-1}$$

$$= \left[[A_1 \pm B_1C_1], [B_1], [C_1], [0] \right]$$

Sachverzeichnis

P

Q

R

S

U

V

Y

Z